Thomas Räder

Zur inhaltlichen und didaktisch-methodischen Gestaltung eines möglichen Wahlthemas 'Mittelwerte und Mittelwertfunktionen'

GRIN Verlag

Bibliografische Information der Deutschen Nationalbibliothek:

Die Deutsche Bibliothek verzeichnet diese Publikation in der Deutschen National-
bibliografie; detaillierte bibliografische Daten sind im Internet über http://dnb.d-
nb.de/ abrufbar.

Impressum:

Copyright © 2006 GRIN Verlag GmbH
Druck und Bindung: Books on Demand GmbH, Norderstedt Germany
ISBN: 978-3-638-69406-3

Dieses Buch bei GRIN:

http://www.grin.com/de/e-book/58747/zur-inhaltlichen-und-didaktisch-methodi-
schen-gestaltung-eines-moeglichen

GRIN - Your knowledge has value

Der GRIN Verlag publiziert seit 1998 wissenschaftliche Arbeiten von Studenten, Hochschullehrern und anderen Akademikern als eBook und gedrucktes Buch. Die Verlagswebsite www.grin.com ist die ideale Plattform zur Veröffentlichung von Hausarbeiten, Abschlussarbeiten, wissenschaftlichen Aufsätzen, Dissertationen und Fachbüchern.

Wissenschaftliche Arbeit im Fach Mathematik

Thema:

Zur inhaltlichen und didaktisch-methodischen Gestaltung eines möglichen Wahlthemas Mittelwerte und Mittelwertfunktionen

eingereicht von:

Räder, Thomas

Lehramt Gymnasium

TU DRESDEN
Fakultät Mathematik und Naturwissenschaften
Fachrichtung Mathematik
Professur für Mathematikdidaktik

Radebeul, 3. April 2006

Inhaltsverzeichnis

0 Einleitung

Im Jahr 2004 wurde der sächsische Lehrplan grundlegend verändert. Eine dieser Änderungen betrifft die Hinzunehmung der Wahlpflichtbereiche am Ende jedes Schuljahres. Die Lehrer haben nun die Möglichkeit am Ende des Jahres einen von drei zusätzlichen Lernbereichen zu wählen, in dem mathematisches Wissen vertieft und angewendet wird. Die vorliegende Arbeit beschäftigt sich mit einem Gebiet, dass genügend Substanz und Inhalt hat, um als ein solcher Wahlbereich in der Schule behandelt werden zu können. Dieses Gebiet beschäftigt sich mit Mittelwerten und Mittelwertfunktionen.

In dieser Arbeit wird zum einen die Theorie über Mittelwerte und Mittelwertfunktionen und zum anderen die Möglichkeit der Integration der Theorie in die Schulmathematik untersucht. Im Vordergrund soll dabei besonders die unterhaltsame Seite der Mittelwerte stehen. Es wird gezeigt, dass man mithilfe der Mittelwerte interessante und zum Teil auch paradoxe Aufgaben lösen kann. Solche Aufgaben dienen der Motivation der Schüler und eignen sich deshalb besonders für den Unterricht.

Weiterhin wird ein historischer Aspekt der Mittelwerte und Mittelwertfunktionen untersucht. Es kann gezeigt werden, dass das Gebiet der Mittelwerte seit langem in der Mathematik verankert ist, und dass allein dadurch eine Möglichkeit der Integration in die Schulmathematik vorliegt.

1 Mittelwerte und Mittelwertfunktionen

1.1 Mittelwerte in der Alltagswelt

Wenn Sie sich mit dem nackten Hintern auf eine heiße Herdplatte setzen und ihre Füße dabei in ein Bad mit Eiswürfeln getaucht sind, dann haben Sie im Durchschnitt eine angenehme Körpertemperatur.

Dieses Beispiel zeigt sehr anschaulich, dass der Begriff „Durchschnitt" oder „Mittelwert" nur sehr vage definierbar sind. Hinzu kommen Bezeichnungen wie „Die goldene Mitte" oder „aus unserer Mitte", die zweifelsfrei eher unpräzise erscheinen. [7][I]

Diese Vagheit hat aber auch zur Folge, dass in der Mathematik viele interessante Aufgaben gestellt werden können, die sich mit Mittelwerten beschäftigen. Vor allem die vielen möglichen Mittelwerte, die zur Lösung der vielfältigen Aufgaben beitragen, motivieren die Schüler, kritisch und genau mit den gestellten Problemen umzugehen.

Damit dies auch tatsächlich so passiert, müssen die Aufgaben und Probleme, die den Schülern gestellt werden, interessant und komplex sein. Weiterhin sollten sie einen gewissen Unterhaltungswert haben, damit die Schüler auf das umfassende Gebiet der Mittelwerte aufmerksam gemacht werden.

Im Folgenden werden einige Aufgabenbeispiele präsentiert, mit denen man das Gebiet der Mittelwerte und Mittelwertfunktionen in der Schule einführen kann.

1.1.1 Das arithmetische Mittel

Das arithmetische Mittel ist den Schülern sicherlich bekannt. Sie kennen es zumeist dann, wenn sie anhand der im Schuljahr erreichten Noten ihre voraussichtliche Jahresendnote berechnen wollen. Diese vorhandene Grundkenntnis sollte der Lehrer bei der Behandlung der Mittelwerte und Mittelwertfunktionen durchaus nutzen. So könnte man zum Beispiel mit der folgenden Aufgabe das Interesse am Gebiet der Mittelwertfunktionen wecken und gleichzeitig auf das Problem des arithmetischen Mittels aufmerksam machen.

BEISPIEL 1

Im Mathematikunterricht wurden in einem Schuljahr 10 Arbeiten geschrieben. Dabei hat Klaus folgende Noten erreicht:

3; 3; 3; 3; 3; 1; 1; 1; 3; 3.

Martin hat folgende Noten erreicht:

3; 3; 3; 3; 3; 2; 2; 2; 2; 2.

a) Welche Note müsste Klaus am Schuljahresende erhalten? Ist das fair?

b) Welche Note erhält Martin? Begründe!

[I] [7, Hischer, 2004]

Mit dem arithmetischen Mittel sehen die Schüler schnell, dass der Durchschnitt von Klaus 2,4 und der Durchschnitt von Martin 2,5 ist. Klaus würde am Schuljahresende also eine 2 bekommen. Das kann durchaus als „unfair" beurteilt werden, da Klaus ja sehr viele Dreien hatte. Martin könnte vom Lehrer eine 3 erhalten, da das Aufrunden von 2,5 auf 3 in der Mathematik sehr üblich ist. Dennoch scheint er doch generell gesehen besser als Klaus zu sein. Man kann also erkennen, dass man mit dem arithmetischen Mittel nicht immer die „sinvollsten" Entscheidungen fällt.

Auch die nächste Aufgabe ist aus aktuellem Anlass für die Schüler sehr interessant. Hier müssen sie vor allem das arithmetische Mittel erkennen und aus dem vorgegebenen Mittelwert auf die Datenmenge schließen.

BEISPIEL 2

Für alle Fußballfans hat der 1. FC Dynamo Dresden folgendes Versprechen gemacht: Wenn bei den letzten 4 Heimspielen im Durchschnitt mindestens 20000 Fans ins Stadion kommen, werden die Jahreskarten im nächsten Jahr deutlich günstiger.

Nach den ersten drei dieser Heimspiele wurde erkannt, dass im Durchschnitt nur 14468 Zuschauer gekommen sind.

Wie viele Zuschauer müssen zum letzten Heimspiel ins Stadion gehen, damit das Versprechen des Vereins eingelöst wird?

Diese Aufgabe ist natürlich nicht sonderbar schwer. Die Schüler werden hier sicherlich auf die Idee kommen, die Gesamtzahl aller Zuschauer der ersten 3 Heimspiele zu berechnen (43404) und daraus die Differenz zu den erwarteten 80000 Zuschauern ausrechnen. (36596) Der Reiz dieser Aufgabe liegt also nicht allzu sehr in der Rechnung mit der sie gelöst wird, sondern daran den Schülern zu zeigen, wie man mit dem arithmetischen Mittel Alltagsprobleme berechnen kann.

Die Aufgabe bietet aber noch einen zusätzlichen Anreiz. Sie kann im Unterricht der Wegbereiter für das Erkennen anderer Mittelwerte sein. Die nächste Aufgabe scheint der Stadionaufgabe sehr ähnlich, muss aber auf ganz andere Art und Weise gelöst werden. Man kann zeigen, dass das arithmetische Mittel nicht das einzige Mittel in der Mathematik ist. Die nächste Aufgabe benötigt nämlich einen anderen Mittelwert.

1.1.2 Das harmonische Mittel

Wie bereits erwähnt, kann dieser Mittelwert mithilfe einer Aufgabe gezeigt werden, die sich an die Stadionaufgabe anschließt. Im Unterricht sollte der Lehrer also die folgende Aufgabe direkt nach der anderen Aufgabe stellen.

BEISPIEL 3

Katja wollte für den Führerschein sparen. Um das Geld bei ihrem 18. Geburtstag zusammenzuhaben, hätte sie durchschnittlich im Monat 12 Euro zurücklegen müssen. Wie sie jetzt die Hälfte zusammengespart hat, merkt sie zu ihrer Bestürzung, dass sie bis dahin nur 9 Euro pro Monat im Durchschnitt zurückgelegt hat. Wie kann sie trotzdem noch zur geplanten Zeit das nötige Geld zusammen haben? [3][II]

Die Schüler werden wohl einsehen, dass Katja nun mehr Geld sparen muss. Da diese Aufgabe der Aufgabe 2 vom Wortlaut und von der Aufgabenstellung sehr ähnelt, werden die Schüler auch hier versuchen das arithmetische Mittel zur Lösung bemühen.

Sie würden also höchstwahrscheinlich die Gleichung $\frac{9+x}{2} = 12$ lösen. Damit würde man als Ergebnis 15 Euro erhalten. Dieses Ergebnis ist aber falsch. Die Schüler vermuten nämlich, dass Katja bis zur Hälfte der Zeit bis zum 18. Geburtstag mit einem Durchschnitt von 9 Euro gespart hat. Aus der Aufgabe geht aber hervor, dass Katja bis zur Hälfte des Geldes mit diesem Durchschnitt gespart hat. Demnach muss die neue Rate höher als 15 Euro sein. Zur richtigen Lösung des Problems gelangt man mit dem harmonischen Mittelwert $H(x; y) = \frac{xy}{x+y}$. Mit ihm kann man rechnen: $\frac{9 \cdot x}{9+x} = 12$, und man erhält als richtige Lösung: $x = 18$ Euro.

An diesen Aufgaben wird deutlich, dass das Problem der Mittelwerte durchaus weit reichend ist.

Wenn der Lehrer nun die Schüler durch diese Aufgaben gut motiviert hat, lohnt es sich auf einen für die Schüler sicher unbekannten Mittelwert zu schauen. Das so genannte Chuquet-Mittel verdeutlicht man am besten mit dem Simpson-Paradoxon.

1.1.3 Das Simpson-Paradoxon und das Chuquet-Mittel

Das Simpson-Paradoxon ist in der Statistik wohl bekannt. Es ist ein Paradoxon, dass bei vielen Tabellen und Datenmengen auftritt. Man kann es erst einmal sehr lapidar wie folgt formulieren: „Man kann global verlieren, obwohl man überall lokal gewinnt." [7][III]

Für den Schüler lässt sich dies an einer schönen Aufgabe mit Klausurergebnissen verdeutlichen, die ebenfalls aus [7] entnommen ist.

BEISPIEL 4

Die folgende Tabelle zeigt ein Bewertungsergebnis einer aus zwei Aufgaben bestehenden Klausur.

1.Korrektur	Aufgabe 1	Aufgabe 2	Summe
erreichbare Punkte	16	48	64
erreichte Punkte	3	23	26
Anteil an Aufgabe	18,8 %	47,9 %	40,6 %

[II]entnommen aus [3, Herget, 1985] mit Änderungen bezüglich der Währung und der neuen Rechtschreibung

[III] [7, Hischer, 2004]

Offensichtlich wurden bei der ersten Aufgabe wesentlich weniger Punkte als bei der zweiten Aufgabe verteilt. Da es aber bei der Bewertung nur auf die prozentualen Anteile ankommt, ist das relativ egal. Wenn die Mindestgrenze zum Bestehen der Klausur 40 % beträgt, hat der Schüler gerade so noch Glück gehabt.

Nun wurde aber plötzlich beschlossen, die Punktevergabe bei Aufgabe 1 zu verfeinern. Statt bisher 16 möglichen Punkten soll es jetzt doppelt so viele Punkte, also 32 Punkte, geben.

Es entsteht nun für den o.g. Schüler folgende Punkteverteilung:

1.Korrektur	Aufgabe 1	Aufgabe 2	Summe
erreichbare Punkte	32	48	80
erreichte Punkte	7	24	31
Anteil an Aufgabe	21,9 %	50,0 %	38,8 %

Offensichtlich hat der Schüler bei der neuen Verteilung in beiden Aufgabe mehr Punkte erhalten. Das sieht man auch daran, dass die Anteile der Aufgaben jeweils gestiegen sind. Man könnte meinen, dass der Schüler von der neuen Punkteverteilung profitiert hat.

Aber man sieht, dass er nun die Mindestgrenze von 40 % nicht mehr erreichen würde. Trotz einzelner Verbesserung, hat er sich im Ganzen verschlechtert.

Dieses Beispiel ist für die Schüler gut geeignet, das Simpson-Paradoxon zu verstehen. Die Frage ist aber, inwieweit diese Aufgabe mit der Mittelwertbildung verknüpft ist. Die Erklärung liefert das *Chuquet-Mittel*, benannt nach dem französischen Arzt Nicolas Chuquet. [7][IV].

Bei der ersten Klausurbewertung wurde nämlich die Gesamtbewertung als Mittelwert der beiden Aufgaben mit der folgenden Rechnung ermittelt: $\frac{3}{16} \oplus \frac{23}{48} = \frac{26}{64}$. Dieses so genannte Chuquet-Mittel lässt sich allgemein für vier positive Zahlen a, b, c und d so schreiben: $\frac{a}{b} \oplus \frac{c}{d} = \frac{a+c}{b+d}$. Diese Bruchaddition würden Schüler schnell als falsch erkennen. Aber eine solche Addition macht durchaus Sinn, und sie liefert vor allem in gewissen Situationen einen sinnvollen Mittelwert von zwei Brüchen. Es lässt sich vor allem Zeigen, dass die folgende Ungleichungskette gültig ist: $\frac{a}{b} < \frac{c}{d} \Rightarrow \frac{a}{b} < \frac{a+c}{b+d} < \frac{c}{d}$. Damit ist das Chuquet-Mittel also tatsächlich ein Mittelwert.

Das Chuquet-Mittel hilft nun bei der Erklärung des Simpson-Paradoxon bei der Klausuraufgabe. Man erkennt, dass das Chuquet-Mittel, mit dem ja offensichtlich die Gesamtbewertung errechnet wird, ein Problem mit sich bringt. Würde man nämlich einfach die erreichten und die erreichbaren Punkte der Aufgabe 1 verdoppeln, so erhält man mit dem Chuquet-Mittel: $\frac{6}{32} \oplus \frac{23}{48} = \frac{29}{80}$, aber daraus folgt schließlich: $\frac{26}{64} = \frac{130}{320} > \frac{126}{320} = \frac{29}{80}$. [7]

Das Chuquet-Mittel hängt also von der jeweiligen Bruchdarstellung ab und erzeugt deshalb den paradoxen Effekt, der im o.g. Beispiel bei der zweiten Klausurkontrolle auftritt.

[IV] [7, Hischer,2004]

Es gibt also sehr viele Mittelwerte in der Mathematik, mit denen man verschiedene Aufgaben lösen kann. Die in diesem Abschnitt beschriebenen Beispiele sollen dies anhand von Alltagssituationen verdeutlichen. Aus diesen Beispielen wird aber auch klar, dass die Definition eines Mittelwerts in der Mathematik nicht sehr einfach ist. Im nächsten Abschnitt soll es nun darum gehen, Mittelwerte „vernünftig" zu definieren.

1.2 Zur Definition von Mittelwerten

Will man in der Mathematik einen „sinnvollen" Mittelwert beschreiben, so muss man offensichtlich sehr genau herangehen. Eine Möglichkeit ist, den Mittelwert im geometrischen Sinn als Mitte zweier Zahlen auf einer Zahlengerade darzustellen. Dabei soll „Mitte" hier erst nur bedeuten, dass der gesuchte Mittelwert zwischen den vorgegebenen Zahlen liegt. Gegeben seien zwei Zahlen x und y von denen wir einen Mittelwert m suchen. Dies könnte man, wie in [4][V] angegeben, darstellen.

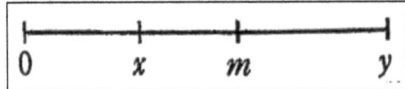

Abbildung 1: geometrische Darstellung

An die Zahl m stellen wir natürlich einige Bedingungen. Die wichtigste ist die, dass m auch wirklich zwischen x und y liegt, also dass gilt:

$$x \leq m \leq y. \tag{1}$$

Dabei soll die Forderung nach $\leq$ hier ausreichen, eine deutliche Verschärfung wäre der Verzicht auf das Gleichheitszeichen. Diese Verschärfung ist allerdings nicht wirklich notwendig, so dass das $\leq$-Zeichen im Folgenden genügen wird.

Weiterhin ist es sinnvoll zu fordern, dass der Mittelwert einer Zahl x mit sich selbst die Zahl x ergibt.

Mit diesen Erkenntnissen kann man eine erste, entscheidende Definition einfügen.

DEFINITION 1
Eine Zahl $m = m(x; y) \in \mathbb{R}_+^0$[VI] heißt Mittelwert der Zahlen x und y, mit $x, y \in \mathbb{R}_+^0$, falls gilt:

    1. $x \leq m \leq y$

    2. $m(x; x) = x$

[V] [4, Hischer,1998]
[VI]$\mathbb{R}_+^0 = \{x \in \mathbb{R} : x \geq 0\}$

Diese Definition gestattet aber sehr viele Zahlen als Mittelwerte. Um eine gewisse Klasse von Mittelwerten zu finden, die ähnliche Eigenschaften haben, lohnt ein Blick in die Geschichte. Dazu kann man sich Proportionen anschauen, mit denen die Pythagoreer bereits gearbeitet haben.

1.2.1 Historischer Zugang

Die Pythagoreer betrachteten das in der oberen Abbildung dargestellte Streckenverhältnis $\frac{m-x}{y-m}$. Dieses Verhältnis wurde nacheinander mit den Verhältnissen $\frac{x}{x}, \frac{x}{m}, \frac{x}{y}$ gleichgesetzt. Es entstanden die folgenden 3 Gleichungen: [7]

$$\frac{m-x}{y-m} = \frac{x}{x}, \frac{m-x}{y-m} = \frac{x}{m}, \frac{m-x}{y-m} = \frac{x}{y} \tag{2}$$

Die Pythagoreer erhielten drei weitere Proportionen, indem sie die in (2) genannten Gleichungen jeweils auf der rechten Seite modifizierten, das heißt in dem alle weiteren möglichen Brüche auf der rechten Seite der Gleichung eingesetzt wurden. Somit kamen sie noch zu folgenden Bruchgleichungen:[VII]

$$\frac{m-x}{y-m} = \frac{y}{x}, \frac{m-x}{y-m} = \frac{m}{x}, \frac{m-x}{y-m} = \frac{y}{m} \tag{3}$$

Dies sind alle 6 Möglichkeiten die es unter Beibehaltung der linken Seiten gibt.

Im Weiteren kann man sich anschauen, wie sich drei Proportionen verändern, wenn zusätzlich die linken Seiten der Gleichungen auf alle möglichen Arten verändert werden. Die Pythagoreer fanden somit vier weitere, neue Mittelwerte[VIII]:

$$\frac{y-x}{m-x} = \frac{y}{x}, \frac{y-x}{y-m} = \frac{y}{x}, \frac{y-x}{m-x} = \frac{m}{x}, \frac{y-x}{y-m} = \frac{m}{x} \tag{4}$$

Diese zehn verschiedenen Proportionen können mit einer elften durch Hischer in [4][IX] veröffentlichten komplettiert werden:

$$\frac{y-x}{y-m} = \frac{y}{m} \tag{5}$$

In diesem Sinne fand man also 11 verschiedene Möglichkeiten einen Mittelwert von x und y zu definieren.

Diese Proportionen sind allerdings ungeeignet um die Unterschiedlichkeiten der einzelnen Mittelwerte zu erläutern. Aus diesem Grund vereinfacht man die Darstellungen, wenn man alle 11 Gleichungen nach der Variable m, also nach dem gesuchten Mittelwert, umstellt.

[VII]Die Verhältnisse $\frac{y}{y}, \frac{m}{y}$ und $\frac{m}{m}$ bringen keine neuen Gleichungen, sondern wären nur Analogien zu den bereits erstellten Proportionen. Aus diesem Grund werden sie nicht extra hingeschrieben.

[VIII] Auch hier sind viele der weiteren Mittelwerte bereits vorhanden, so dass es wirklich nur vier neue Mittelwerte gab

[IX] [4, Hischer, 1998]

Dies ist für die Schüler im Übrigen eine schöne Übung zur Termumformung. Man spart allerdings viel Zeit, wenn man ein Computer-Algebra-System verwendet um die gesuchten Mittelwerte zu berechnen.

Diese Rechnung liefert folgende 11 Mittelwerte in der o. g. Reihenfolge:

$$m_1 = \frac{x+y}{2} \tag{6}$$

$$m_2 = \sqrt{xy} \tag{7}$$

$$m_3 = \frac{2xy}{x+y} \tag{8}$$

$$m_4 = \frac{x^2+y^2}{x+y} \tag{9}$$

$$m_5 = \frac{y-x+\sqrt{5x^2-2xy+y^2}}{2} \tag{10}$$

$$m_6 = \frac{x-y+\sqrt{x^2-2xy+5y^2}}{2} \tag{11}$$

$$m_7 = -\frac{x(x-2y)}{y} \tag{12}$$

$$m_8 = \frac{x^2-xy+y^2}{y} \tag{13}$$

$$m_9 = \frac{x+\sqrt{-3x^2+4xy}}{2} \tag{14}$$

$$m_{10} = \max\{y-x,x\} \tag{15}$$

$$m_{11} = -\frac{y^2}{x-2y} \tag{16}$$

BEMERKUNG 1

Die Schreibweise $m_n(x;y), n = 1...11$ beschreibt den entsprechenden Mittelwert aus (6)-(16).

Es fällt auf, dass die ersten drei Mittelwerte den drei durchaus bekannten Mitten, dem arithmetischen, geometrischen und harmonischen Mittel, entsprechen. Auch der vierte Mittelwert $m_4(x;y)$ ist Vielen schon bekannt; man nennt ihn das kontraharmonische Mittel. Aus dem Bekanntheitsgrad dieser Mittelwerte ergeben sich folgende sinnvolle Abkürzungen, die in einer Bemerkung festgehalten werden:

BEMERKUNG 2

Es gelten folgende Notationen:

1. $m_1(x;y) = \frac{x+y}{2} =: A(x;y)$

2. $m_2(x;y) = \sqrt{xy} =: G(x;y)$

3. $m_3(x;y) = \frac{2xy}{x+y} =: H(x;y)$

4. $m_4(x; y) = \frac{x^2 + y^2}{x + y} =: K(x; y)$

Um die 11 Mittelwerte betrachten zu können, sollte man schauen, welche Unterschiede bei zwei fest gewählten Zahlen x und y auftreten.

Die folgenden Graphiken zeigen die Verteilung der 11 Mittelwerte für die Fälle $x = 0$ und $y = 1$, $x = 1$ und $y = 2$ sowie $x = 1$ und $y = 3$.

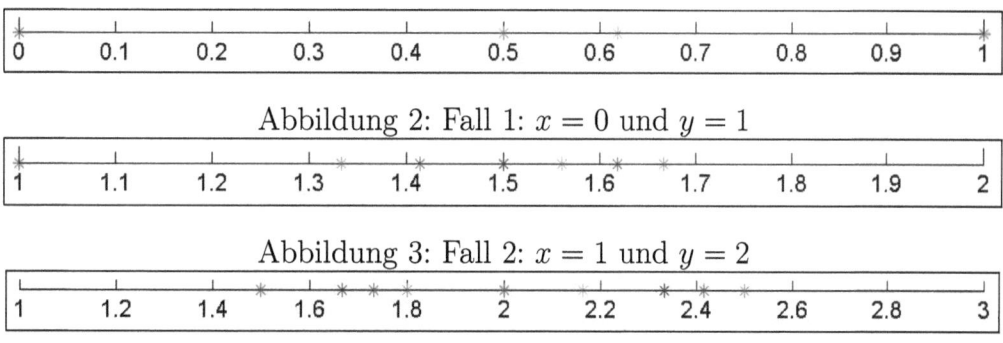

Abbildung 2: Fall 1: $x = 0$ und $y = 1$

Abbildung 3: Fall 2: $x = 1$ und $y = 2$

Abbildung 4: Fall 3: $x = 1$ und $y = 3$

Es fällt dabei auf, dass im ersten Fall die Mittelwerte oft aufeinander fallen. Bereits in der 2. Abbildung gibt es mehr Mittelwerte. In der dritten Abbildung gibt es, wie man sieht, die meisten, verschiedenen Mittelwerte. Die Verteilung der Mittelwerte hängt offensichtlich von der Wahl von x und y ab. Die folgende Tabelle veranschaulicht die Verteilungen:

Mittelwerte	$m_n(0; 1)$	$m_n(1; 2)$	$m_n(1; 3)$
$m_1 = \frac{x+y}{2}$	$\frac{1}{2} = 0.5$	$\frac{3}{2} = 1.5$	2
$m_2 = \sqrt{xy}$	0	$\sqrt{2} \approx 1.4142$	$\sqrt{3} \approx 1.7321$
$m_3 = \frac{2xy}{x+y}$	0	$\frac{4}{3} \approx 1.3333$	$\frac{3}{2} = 1.5$
$m_4 = \frac{x^2+y^2}{x+y}$	1	$\frac{5}{3} \approx 1.6667$	$\frac{5}{2} = 2.5$
$m_5 = \frac{y-x+\sqrt{5x^2-2xy+y^2}}{2}$	1	$\frac{1}{2} + \frac{\sqrt{5}}{2} \approx 1.6180$	$1 + \frac{\sqrt{8}}{2} \approx 2.4142$
$m_6 = \frac{x-y+\sqrt{x^2-2xy+5y^2}}{2}$	$-\frac{1}{2} + \frac{\sqrt{5}}{2} \approx 0.618$	$-\frac{1}{2} + \frac{\sqrt{17}}{2} \approx 1.5616$	$-1 + \frac{\sqrt{40}}{2} \approx 2.1623$
$m_7 = -\frac{x(x-2y)}{y}$	0	$\frac{3}{2} = 1.5$	$\frac{5}{3} \approx 1.6667$
$m_8 = \frac{x^2-xy+y^2}{y}$	1	$\frac{3}{2} = 1.5$	$\frac{7}{3} \approx 2.3333$
$m_9 = \frac{x+\sqrt{-3x^2+4xy}}{2}$	0	$\frac{1}{2} + \frac{\sqrt{5}}{2} \approx 1.6180$	2
$m_{10} = \max\{y - x, x\}$	1	1	2
$m_{11} = -\frac{y^2}{x-2y}$	$\frac{1}{2} = 0.5$	$\frac{4}{3} \approx 1.3333$	$\frac{9}{5} = 1.8$

Bevor Gemeinsamkeiten und Unterschiede zwischen diesen drei konkreten Verteilungen untersucht werden, werden zwei Definitionen eingeführt, die im Weiteren die Schreibweise erleichtern sollen:

DEFINITION 2

$[m_{n_0}]_{x;y} := \{m_n : m_n(x;y) = m_{n_0}(x;y), n = 1, ..., 11\}$

DEFINITION 3

$[m_{n_0}]_{x;y} \leq [m_{n_1}]_{x;y} \Leftrightarrow m_{n_0}(x;y) \leq m_{n_1}(x;y)$

Aus der obigen Tabelle ergeben sich mit den neu eingeführten Notationen folgende auffällige Ungleichungen:

$$[m_2]_{0;1} \leq [m_1]_{0;1} \leq [m_6]_{0;1} \leq [m_4]_{0;1} \tag{17}$$

$$[m_{10}]_{1;2} \leq [m_3]_{1;2} \leq [m_2]_{1;2} \leq [m_1]_{1;2} \leq [m_6]_{1;2} \leq [m_5]_{1;2} \leq [m_4]_{1;2} \tag{18}$$

$$[m_3]_{1;3} \leq [m_7]_{1;3} \leq [m_2]_{1;3} \leq [m_{11}]_{1;3} \leq [m_1]_{1;3} \leq [m_6]_{1;3} \leq [m_8]_{1;3} \leq [m_5]_{1;3} \leq [m_4]_{1;3}$$
$$\tag{19}$$

Es stellt sich nun die Frage, ob man eine allgemeine Ungleichung für die Mittelwerte $m_n(x, y)$ angeben kann. Aus den Ungleichungen (17), (18) und (19) kann man auf folgende Vermutung kommen:

$$[m_3]_{x;y} \leq [m_2]_{x;y} \leq [m_1]_{x;y} \leq [m_6]_{x;y} \leq [m_5]_{x;y} \leq [m_4]_{x;y} \tag{20}$$

Eine Veranschaulichung dieser Vermutung wird im Abschnitt (1.4) gezeigt. An dieser Stelle soll aber erwähnt werden, dass der erste Teil dieser Ungleichung ($[m_3]_{x;y} \leq [m_2]_{x;y} \leq [m_1]_{x;y}$) bereits im 3. Jahrhundert n. Chr. von PAPPUS VON ALEXANDRIA bewiesen wurde [4][X].

Bevor man sich Beweisversuche dieser Ungleichung anschaut, kann man sich noch auf die Suche nach weiteren Mittelwerten machen.

1.2.2 Mittelwerte durch Potenzen

Man kann sich verschiedenen Mittelwerten auch ohne Verhältnisgleichungen wie bei den Pythagoreern nähern. Leach und Sholander gehen in [9][XI] grundsätzlich vom Vorhandensein des arithmetischen und des geometrischen Mittels aus.
Nahezu biblisch begründen sie dann das Zeugen weiterer Mittelwerte aus den beiden vorhandenen. Bezeichnet man das Arithmetische Mittel mit A und das geometrische Mittel mit G so ergibt sich aus diesen das harmonische Mittel H mit $H = \frac{G^2}{A}$ und das Wurzel-Mittel W[XII] mit $W = \frac{G+A}{2}$.

[X] [4, Hischer,1998]
[XI] [9, Leach, 1978]
[XII] $W = (\frac{\sqrt{x}+\sqrt{y}}{2})^2$

Aus diesen durchaus bekannten Mitteln kann man auf eine ganze Familie von Mittelwerten schließen, nämlich die Potenzmittel, die Herget in [3][XIII] als Arithmetische Potenz-Mittel bezeichnet. Diese kann man wie folgt definieren:

DEFINITION 4

Die Zahl $P_r = P_r(x;y) = (\frac{x^r + y^r}{2})^{\frac{1}{r}}, r \in \mathbb{R} \setminus \{0\}$ heißt Potenzmittel von x und y.

Es stellt sich natürlich die Frage, ob diese so definierten Mittelwerte auch der Definition eines Mittelwerts, wie im vorigen Abschnitt beschrieben, entsprechen. Dies soll der nächste Satz absichern.

SATZ 1

Die Zahl $P_r = P_r(x;y)$ ist ein Mittelwert von x und y.

Beweis: Zu zeigen:

1. $x \le P_r(x;y) \le y$, mit $x \le y$

2. $P_r(x;x) = x$

(1)
Sei $r > 0$. $x \le P_r(x;y) \le y \Leftrightarrow x \le (\frac{x^r + y^r}{2})^{\frac{1}{r}} \le y \Leftrightarrow x^r \le y^r \Leftrightarrow x \le y$.
Sei $r < 0$. $x \le P_r(x;y) \le y \Leftrightarrow x \le (\frac{x^r + y^r}{2})^{\frac{1}{r}} \le y \Leftrightarrow x^r \ge y^r \Leftrightarrow x \le y$.
(2)
$P_r(x;x) = (\frac{x^r + x^r}{2})^{\frac{1}{r}} = (x^r)^{\frac{1}{r}} = x. \square$

Mit der Definition des Potenzmittels kann man nun unendlich viele Mittelwerte einer Kategorie erhalten. Interessant ist ob sich unter diesen bereits welche aus 1.2.1 wieder finden. Es gilt:
$P_1(x;y) = m_1(x;y)$
$P_{-1}(x;y) = m_3(x;y)$
Damit sind das arithmetische und das harmonische Mittel vertreten. Es lässt sich sogar zeigen, dass im Fall $r \to 0$ auch das geometrische Mittel vertreten ist. P.S. Bullen beweist dies in [2][XIV] auf zwei verschiedenen Wegen.

Aus diesem Grund ist folgende Bemerkung sinnvoll:

BEMERKUNG 3

1. $P_0 := P_{r \to 0}(x;y) = \sqrt{xy}$

2. $P_{\pm\infty} := P_{r \to \pm\infty}(x;y)$

Die Existenz des ersten Grenzwerts wird in [2] bewiesen. Die Existenz des zweiten Grenzwerts, müsste eigentlich auch noch verdeutlicht werden. An dieser Stelle, soll aber die

---

[XIII] [3, Herget,1985]
[XIV] [2, Bullen,1988]

Bemerkung nur die Schreibweise erläutern. Es kann also noch offen bleiben, ob der zweite Grenzwert überhaupt existiert.

Mit den verschiedenen Potenzmitteln kann man die vermutete Ungleichung (20) sogar erweitern.

Man sieht leicht, dass das Potenzmittel zweier fest gewählter Zahlen $x, y \in \mathbb{R}_0^+$ mit wachsendem r auch wächst. Herget geht in $[3]^{\text{XV}}$ auf folgende spezielle Potenzmittel ein, die sich in eine Ungleichung fassen lassen:

$$P_{-\infty} \leq P_{-1} \leq P_0 \leq P_{\frac{1}{3}} \leq P_{\frac{1}{2}} \leq P_1 \leq P_2 \leq P_\infty \tag{21}$$

Dabei sind $P_{-\infty} = \min(x; y)$ und $P_\infty = \max(x; y)$ [3], dieser Grenzwert existiert also auch.

Mit den pythagoreischen Mittelwerten und den Potenzmittelwerten hat man zwei Klassen von Mittelwerten vorliegen. Interessanterweise sind die klassischen Mittelwerte in beiden Klassen vorhanden. Es gibt aber auch Mittelwerte, die entweder nur pythagoreische Mittelwerte oder nur Potenzmittelwerte sind.

Im nächsten Abschnitt sollen diese Mittelwerte genauer untersucht werden. Es wird sich zeigen, dass man mit ihnen Funktionen mit zwei Veränderlichen konstruieren kann.

1.3 Mittelwertfunktionen

In den zurückliegenden Kapiteln wurden Mittelwerte zweier fest gewählter Zahlen x, y betrachtet. Den positiven, reellen Zahlen x und y wurde eine positive, reelle Zahl m zugeordnet. Da alle betrachteten Zuordnungen sogar injektiv sind^{XVI}, kann man Mittelwertfunktionen bilden. Für diese Mittelwertfunktionen müssen die Zahlen x und y als Argumente, und damit beliebig, gewählt werden können.

Es liegt nun nahe, Mittelwertfunktionen zu definieren:

DEFINITION 5
Es sei $M : \mathbb{R}_+^0 \times \mathbb{R}_+^0 \to \mathbb{R}_+^0$.
M ist genau dann eine Mittelwertfunktion, wenn gilt:

1. $x \leq y \Rightarrow x \leq M(x; y) \leq y \wedge x \leq M(y; x) \leq y$

2. $M(x; x) = x$.

Mit dieser Definition lassen sich aus allen bereits definierten, bzw. gefundenen, Mittelwerten Mittelwertfunktionen konstruieren.

Sie alle sind Funktionen zweier Unabhängigen, bei denen Punktepaare $(x; y)$ einer reellen Zahl m zugeordnet werden.

---

^{XV} [3, Herget,1985]
^{XVI}die Termdarstellungen der Mittelwerte implizieren die Eindeutigkeit!

Die in den vorherigen Kapiteln gefundenen Mittelwerte sollen von nun an als Mittelwertfunktionen betrachtet werden. Um eine fortlaufende und einheitliche Notation zu gewährleisten wird folgende Bemerkung eingeschoben.

Bemerkung 4

1. $M_n(x; y)$ $n = 1...11$, *heißt* pythagoreische Mittelwertfunktion, *falls den Variablen x, y ein pythagoreischer Mittelwert zugeordnet wird.*

2. $P_r(x; y)$ $r \in \mathbb{R}$, *heißt* Potenzmittelwertfunktion, *falls den Variablen x, y ein Potenzmittel zugeordnet wird.*

3. $A(x; y) = \frac{x+y}{2}$ *heißt* arithmetische Mittelwertfunktion.
   $G(x; y) = \sqrt{xy}$ *heißt* geometrische Mittelwertfunktion.
   $H(x; y) = \frac{2xy}{x+y}$ *heißt* harmonische Mittelwertfunktion.
   $K(x; y) = \frac{x^2+y^2}{x+y}$ *heißt* kontraharmonische Mittelwertfunktion.

4. *Die Funktionen* $A(x; y), G(x; y), H(x; y), K(x; y)$ *heißen* klassische Mittelwertfunktionen.

Die Graphen der Mittelwertfunktionen können als zweidimensionale Flächen betrachtet werden.[XVII] Diese Flächen sind allerdings oft ungeeignet um gewisse Eigenschaften der Mittelwertfunktionen zu zeigen. Deshalb beschäftigt sich der nächste Abschnitt auch mit anderen Darstellungsmöglichkeiten dieser Funktionen.

1.3.1   Darstellungen von Mittelwertfunktionen

Wie bereits erwähnt, lassen sich Mittelwertfunktionen mit zweidimensionale Graphen darstellen. Die folgenden Abbildungen zeigen die Graphen der vier klassischen Mittelwertfunktionen. Die Graphen wurden mit dem TI voyage 200 gezeichnet. Mit der Einführung eines CAS-fähigen Taschenrechners ab der 8. Klasse an sächsischen Gymnasien kann man davon ausgehen, dass viele Schüler dieses Gerät oder auch den in den gängigen Funktionen übereinstimmenden TI 89[XVIII] nutzen. Mit der folgenden Graphikeinstellung lassen sich Funktionen von zwei Unabhängigen zeichnen.

[XVII] $G := \left\{ (x; y; z) \in \mathbb{R}^3 | z = z(x; y) \text{ist Mittelwert von x und y} \right\}$

[XVIII] mit anderen CAS-fähigen Rechnern lassen sich die Funktionen natürlich auch darstellen

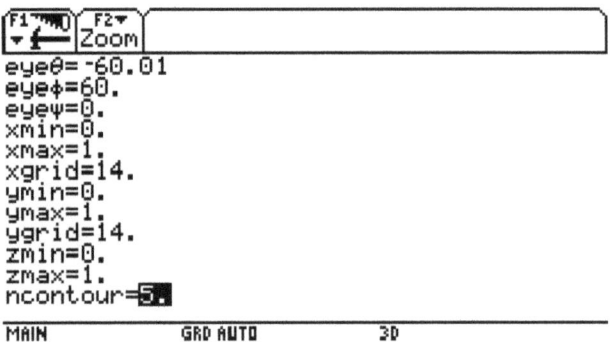

Abbildung 5: Anzeigeeinstellung am TI Voyage 200

Diese Graphikeinstellungen, die über WINDOW eingestellt werden, erzeugen dann die nachfolgend dargestellten Bilder.

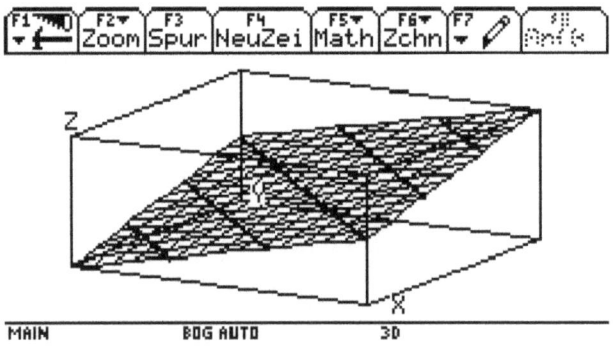

Abbildung 6: A(x;y)

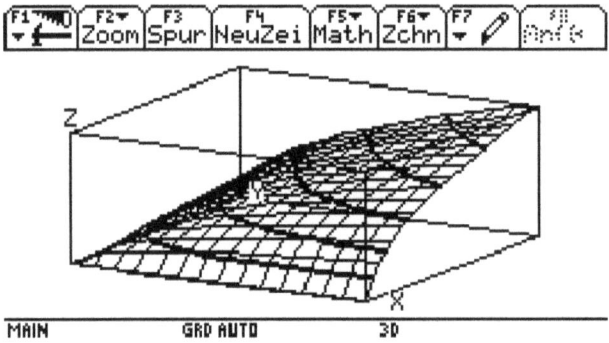

Abbildung 7: G(x;y)

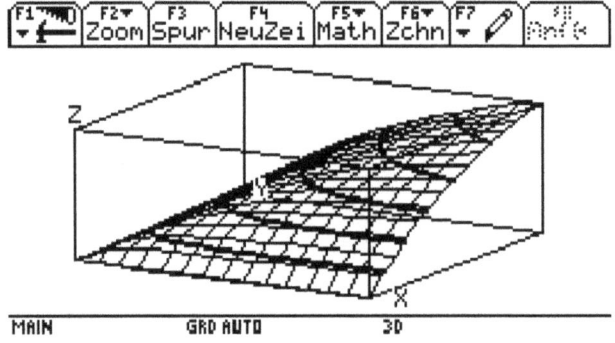

Abbildung 8: H(x;y)

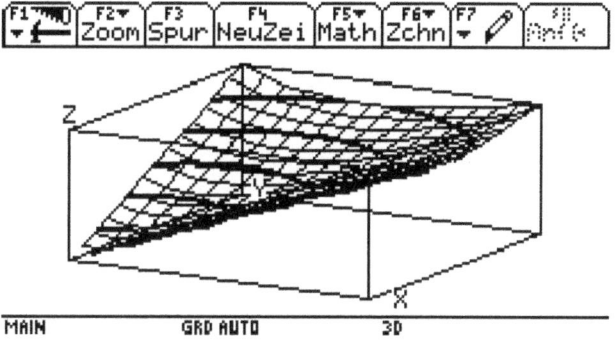

Abbildung 9: K(x;y)

Werden diese vier Graphen in dasselbe Koordinatensystem gezeichnet, lässt sich zumindest eine ganz entscheidende Eigenschaft der Mittelwertfunktionen erkennen. Diese wird durch die folgende Abbildung, die mit dem Programm MAPLE 8 gezeichnet wurde, da der Voyage 200 diese Funktion nicht unterstützt, gezeigt.

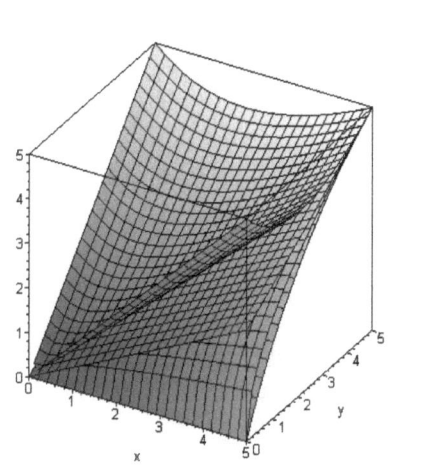

Abbildung 10: A(x;y), G(x;y), H(x;y), K(x;y)

Diese Abbildung bekräftigt die Vermutung einer allgemein gültigen Ungleichung der Mittelwerte. Man sieht, dass die Flächen der vier klassischen Mittelwertfunktionen tatsächlich übereinander liegen, das heißt, dass die Funktionswerte der vier Mittelwertfunktionen tatsächlich an jeden Stellen $(x; y)$ ihres Definitionsbereichs der Ungleichung

$$H(x; y) \leq G(x; y) \leq A(x; y) \leq K(x; y) \tag{22}$$

genügen. Diese Ungleichung wird sogar noch deutlicher, wenn man die Funktionen auf eine andere Art darstellt. Man erhält eine sehr anschauliche Darstellung der vier klassischen Mittelwertfunktionen, wenn man eine Variable festhält[XIX].

Es sei nun $y = 1$ fest[XX] . Man kann jetzt die vier klassischen Mittelwertfunktionen als

---

[XIX]Es lohnt sich den Schülern zu erklären, dass es egal ist, welche Variable fest bleibt. Das liegt an der Symmetrie der Mittelwertfunktionen

[XX]Dies ist eine Konvention um möglichst einfach Funktionen zu erhalten. Der qualitative Verlauf der entstehenden Funktionen ändert sich nicht, wenn man y mit einer anderen Konstante belegt.

Funktionen einer Unabhängigen als eindimensionale Kurven darstellen. Die folgende Abbildung veranschaulicht diesen Fall.

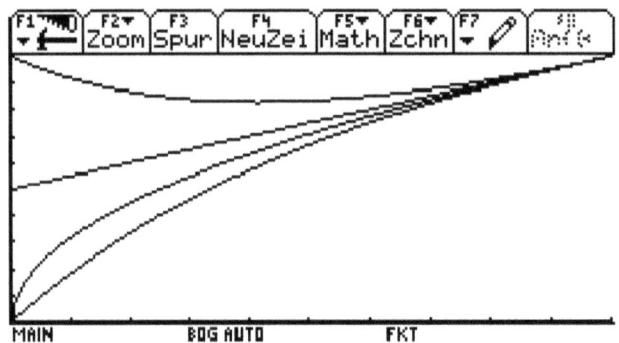

Abbildung 11: klassische Mittelwertfunktionen mit $y = 1$ fest

Diese Darstellung vermag es zwar nicht den zweidimensionalen Charakter der Mittelwertfunktionen zu veranschaulichen, sie motiviert aber, alle anderen bereits gefundenen Mittelwertfunktionen in diese eindimensionale Darstellung zu implementieren.

Dabei soll wieder $y = 1$ fest gewählt werden. Die folgende Abbildung zeigt alle 11 pythagoreischen Mittelwertfunktionen. Wie man schnell erkennen kann, verhalten sich nicht alle dieser 11 Funktionen wie die vier klassischen Funktionen.

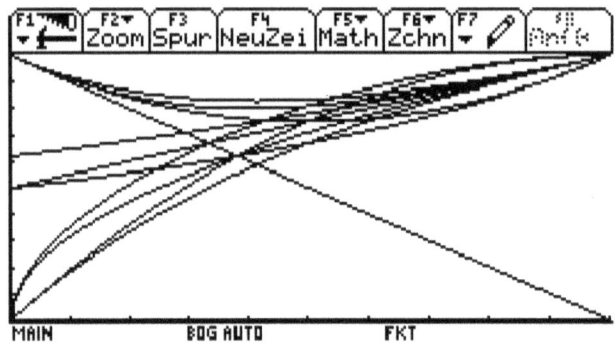

Abbildung 12: Pythagoreische Mittelwertfunktionen

Offensichtlich lassen sich nicht alle pythagoreischen Mittelwertfunktionen in eindeutiger Weise anordnen.

Das bringt die Überlegung nahe, welche dieser pythagoreischen Mittelwertfunktionen einer eindeutigen Orndnungsrelation unterliegen. In der obigen Abbildung sieht man, dass nur einige wenige Funktionen herausgenommen werden müssen.

Betrachtet man nur die pythagoreischen Mittelwertfunktionen $M_1; M_2; M_3; M_4; M_5$ und M_6 so erhält man die folgende Abbildung:

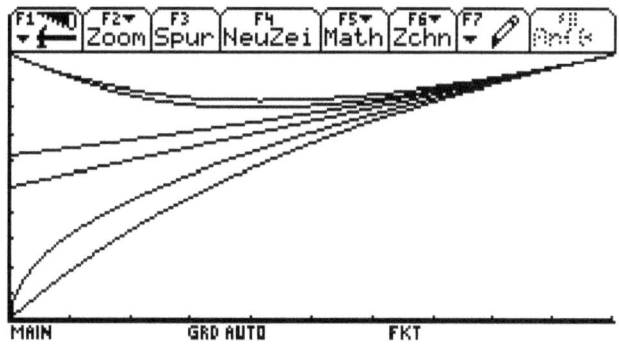

Abbildung 13: M_1; M_2; M_3; M_4; M_5 und M_6

Es wird anschaulich gezeigt, dass die gewählten Mittelwertfunktion sich offenbar in eine Ungleichung einordnen lassen. Aus diesem Grund kann die Vermutung (20) hier für weitere Mittelwertfunktionen vervollständigt werden:

$$M_3(x;y) \leq M_2(x;y) \leq M_1(x;y) \leq M_6(x;y) \leq M_5(x;y) \leq M_4(x;y) \qquad (23)$$

beziehungsweise

$$H(x;y) \leq G(x;y) \leq A(x;y) \leq M_6(x;y) \leq M_5(x;y) \leq K(x;y) \qquad (24)$$

Im Weiteren kann man versuchen die Potenzmittel unter genau denselben Gesichtspunkten zu analysieren.

Die folgende Abbildung zeigt die Potenmittelwertfunktionen der Potenzmittel, die in Kapitel (1.2.2) untersucht worden sind.

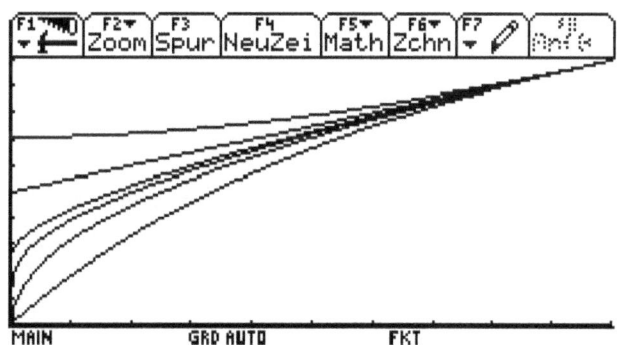

Abbildung 14: P_{-1}; P_0; $P_{\frac{1}{3}}$; $P_{\frac{1}{2}}$; P_1 und P_2

Die Tatsache, dass die Potenzmittelwertfunktionen per se ohne Herausnehmung von Funktionen so schön geordnet sind, ist bei Weitem kein Zufall. Es wurde ja bereits bei der Definition des Potenzmittelwerts festgestellt, dass die Funktionen mit wachsendem r auch wachsen.

Viel interessanter ist die Frage, ob die Potenzmittelwertfunktionen mit den pythagoreischen Mittelwertfunktionen zusammen einer allgemeinen und allumfassenden Ungleichung genügen.

Wie bereits gezeigt sind die Potenzmittelwertfunktionen mit den Potenzen 1, -1 und 0 bereits unter den klassischen Mittelwertfunktionen zu finden. Es gilt bekanntermaßen $P_{-1}(x;y) = H(x;y)$, $P_0(x;y) = G(x;y)$ sowie $P_1(x;y) = A(x;y)$. Es sind also von den pythagoreischen Mittelwertfunktionen nur noch M_4, M_5 und M_6 zu den Potenzmittelwertfunktionen hinzuzunehmen. Die folgende Abbildung zeigt die Graphen der nun insgesamt neun verschiedenen Mittelwertfunktionen.

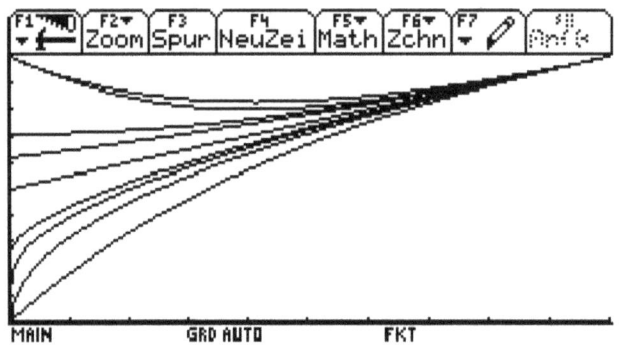

Abbildung 15: $H(x;y); G(x;y); P_{\frac{1}{3}}; P_{\frac{1}{2}}; A(x;y); M_6(x;y); P_2(x;y); M_5(x;y)$ und $K(x;y)$

Diese Abbildung ist erstaunlich. Offensichtlich fügen sich die verbleibenden pythagoreischen Mittelwertfunktionen gut zwischen die Potenzmittelwertfunktionen ein. Aus der Graphik kann man nun eine letzte vermutete Ungleichung aufstellen.

$$H(x;y) \leq G(x;y) \leq P_{\frac{1}{3}}(x;y) \leq P_{\frac{1}{2}}(x;y) \leq A(x;y) \leq M_6(x;y)$$
$$\leq P_2(x;y) \leq M_5(x;y) \leq K(x;y) \quad (25)$$

Mit dieser Ungleichung soll das Kapitel über die Darstellungsmöglichkeiten enden. Im nächsten Kapitel wird die Ungleichung (25) auf unterschiedliche Art und Weise untersucht.

1.4   Darstellungen der Ungleichung der Mittelwertfunktionen

Bislang wurden diese Graphen als Bilder von Funktionen mit einer Veränderlichen dargestellt. Bevor man die daraus entwickelte Ungleichung weiter untersucht, schaue man sich die Graphen der Mittelwertfunktionen mit zwei Veränderlichen in einem Bild an. Dies ergibt die folgende Abbildung.

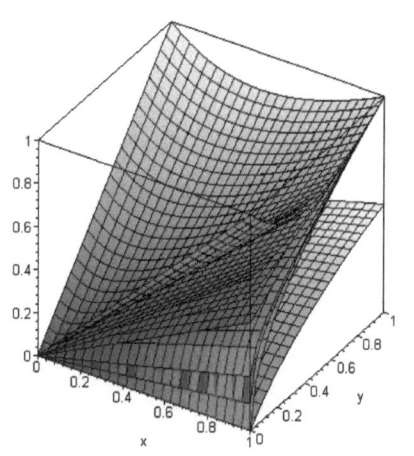

Abbildung 16: $H(x;y) \leq G(x;y) \leq P_{\frac{1}{3}}(x;y) \leq P_{\frac{1}{2}}(x;y) \leq A(x;y) \leq M_6(x;y) \leq P_2(x;y) \leq M_5(x;y) \leq K(x;y)$

Man sieht, dass es offensichtlich keine Überschneidungen oder Schnittpunkte zu geben scheint. Allerdings ist das Bild sehr unübersichtlich, so dass es motivieren soll, andere Darstellungen zur Verdeutlichung der Ungleichung zu finden.

Im Unterricht ist es sinnvoll, sich nur auf einen Teil der Ungleichungskette zu beziehen. Aus historischer Sicht betrachtet man nun nur die folgende, auch als *babylonische Ungleichung* bekannte, Ungleichungskette.

$$x \leq y \Rightarrow x \leq H(x;y) \leq G(x;y) \leq A(x;y) \leq y \tag{26}$$

Der Beweis dieser Ungleichung ist nicht allzu schwer und vor allem für Schüler ab der 8. Klasse durchfürbar.

Dazu betrachtet man am besten die Ungleichungen $H(x,y) \leq G(x,y)$ und $G(x,y) \leq A(x,y)$. [5][XXI]

Diese beiden Ungleichungen lassen sich auf sehr ähnliche Art und Weise beweisen:

$$\begin{aligned}
H(x;y) &\leq G(x;y) &\Leftrightarrow\\
\frac{2xy}{x+y} &\leq \sqrt{xy} &\Leftrightarrow\\
\frac{4x^2y^2}{(x+y)^2} &\leq xy &\Leftrightarrow\\
4x^2y^2 &\leq (xy)(x+y)^2 &\Leftrightarrow\\
4xy &\leq x^2 + 2xy + y^2 &\Leftrightarrow\\
0 &\leq x^2 - 2xy + y^2 &\Leftrightarrow\\
0 &\leq (x-y)^2
\end{aligned}$$

[XXI] [5, Hischer, 2002]

$$G(x;y) \le A(x;y) \qquad \Leftrightarrow$$

$$\sqrt{xy} \le \frac{x+y}{2} \qquad \Leftrightarrow$$

$$xy \le \frac{x^2 + 2xy + y^2}{4} \qquad \Leftrightarrow$$

$$4xy \le x^2 + 2xy + y^2 \qquad \Leftrightarrow$$

$$0 \le x^2 - 2xy + y^2 \qquad \Leftrightarrow$$

$$0 \le (x-y)^2$$

Man kann also zeigen dass die beiden Ungleichungen $H(x,y) \le G(x,y)$ und $G(x,y) \le A(x,y)$ äquivalent zu $(x-y)^2 \ge 0$ sind. Dies ist eine sehr einfache Übung, die sich für den Unterricht empfiehlt.

Um die babylonische Ungleichung vollständig zu beweisen, ist noch zu zeigen, dass $x \le H(x,y)$ und $y \ge A(x;y)$ gelten. Dies ist aber eine genauso einfache Übung.

$$x \le H(x;y) \qquad \Leftrightarrow$$

$$x \le \frac{2xy}{x+y} \qquad \Leftrightarrow$$

$$x^2 + xy \le 2xy \qquad \Leftrightarrow$$

$$x^2 - xy \le 0 \qquad \Leftrightarrow$$

$$x(x-y) \le 0 \qquad \Leftrightarrow$$

$$x - y \le 0 \quad \text{\small Es sei } x \neq 0. \text{ Für } x = 0 \text{ ergibt sich die Ungleichung sofort.} \qquad \Leftrightarrow$$

$$x \le y$$

$$A(x;y) \le y \qquad \Leftrightarrow$$

$$\frac{x+y}{2} \le \qquad \Leftrightarrow$$

$$x + y \le 2y \qquad \Leftrightarrow$$

$$x \le y$$

Damit ist die babylonische Ungleichung (26) formal bewiesen. Es lohnt sich aber, diese wichtige Ungleichungskette an zwei geometrischen Beweisen zu verdeutlichen.

1.4.1 Darstellung nach Pappus

Wie bereits in einem vorigen Abschnitt erwähnt, hat PAPPUS VON ALEXANDRIA diese Ungleichung im 3. Jahrhundert nach Christus bewiesen. Er verdeutlichte sie an einem Halbkreis, in dem die Terme $x, y, A(x;y), G(x;y)$ und $H(x;y)$ als Strecken gedeutet werden können. Dies wird in der folgenden Abbildung verdeutlicht. [5][XXII]

XXII [5, Hischer,2002]

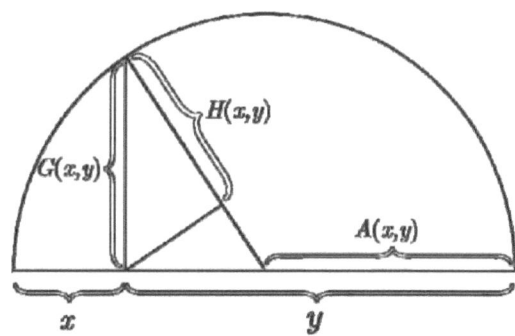

Abbildung 17: Visualisierung von arithmetischem, geometrischem und harmonischem Mittel nach Pappus von Alexandria (3. Jh. n. Chr.) [5]

Glaubt man erst einmal, dass die in dieser Abbildung dargestellten Strecken tatsächlich den bezeichneten Mittelwerten entsprechen, so kann man die Ungleichung aus der Abbildung ablesen. Allein die Tatsache, dass $x \leq H(x; y)$ gilt, ist nicht sofort offensichtlich. Man erhält aber diese Ungleichung, wenn man sich einen Kreis um den Halbkreismittelpunkt mit dem Radius $A(x; y) - x$ denkt. [5][XXIII]

Um zu zeigen, dass die eingezeichneten Strecken wirklich den Mittelwerten entsprechen, benötigt man nur den Höhensatz und den Kathetensatz.[XXIV]

Mit dem Höhensatz gilt:

$$xy = G^2(x; y) \tag{27}$$

also $\sqrt{xy} = G(x; y)$. Damit wurde gezeigt, dass die mit $G(x; y)$ bezeichnete Strecke dem geometrischen Mittel der Strecken x und y entspricht. Mit dem Kathetensatz gilt:

$$A(x; y) \cdot H(x; y) = G^2(x; y). \tag{28}$$

Es gilt nun zu zeigen, dass $H(x; y)$ dem harmonischen Mittelwert entspricht, denn es ist bereits erwiesen, dass $G(x; y)$ dem geometrischen Mittel entspricht. Weiterhin ist aus der Zeichnung offensichtlich, dass die Strecke $A(x; y)$ als Mittelpunkt der Strecke $x + y$ das arithmetische Mittel der beiden Strecken x und y ist. Das heißt es gilt:

$$A(x; y) = \frac{x + y}{2} \tag{29}$$

Stellt man die Ungleichung (28) nach $H(x; y)$ um, so erhält man

$$H(x; y) = \frac{G^2(x; y)}{A(x; y)}. \tag{30}$$

[XXIII] [5, Hischer,2002]

[XXIV] Diese Sätze gehören zur Satzgruppe des Pythagoras und werden in der 8. Klasse unterrichtet

Unter Verwendung von (27) und (29) erhält man:

$$H(x;y) = \frac{xy}{\frac{x+y}{2}}.$$ (31)

bzw.

$$H(x;y) = \frac{2xy}{x+y}.$$ (32)

Die Strecke $H(x;y)$ entspricht also wirklich dem harmonischen Mittel der Strecken x und y. Damit kann man die babylonische Ungleichung an der dargestellten Abbildung herleiten und auch geometrisch beweisen.

In [2]^{XXV} wird noch eine weitere geometrische Möglichkeit gezeigt, die Ungleichung zu verdeutlichen.

1.4.2 Darstellung nach Bullen

Man kann das arithmetische, das geometrische und das harmonische Mittel auch in Form von Mittelparallelen eines, nicht notwendigerweise rechtwinkligen, Trapezes darstellen. Es entsteht folgende Darstellung. [8]^{XXVI}

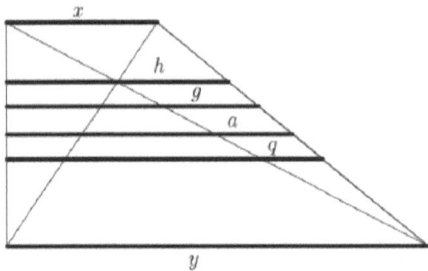

Abbildung 18: Visualisierung von arithmetischem, geometrischem und harmonischem Mittel nach Bullen.) [8]

Dabei sind $h := H(x;y)$ die Mittelparallele durch den Diagonalenschnittpunkt,
$g := G(x;y)$ die Mittelparalle, die das Trapez in zwei ähnliche Trapeze teilt und $a := A(x;y)$ die Mittelparallele die die Höhe des Trapezes in der Mitte teilt. ^{XXVII}
Die Darstellung hat den ganz entscheidenden Vorteil, dass die Ungleichung $x \leq H(x;y) \leq G(x;y) \leq A(x;y) \leq y$ sofort abzulesen ist.
Die Darstellung bringt aber auch eine gewisse Schwierigkeit mit sich. Man kann nicht so ohne Weiteres erkennen, dass die eingezeichneten Mittelparallelen tatsächlich den genannten Mittelwerten der Strecken x und y entsprechen.

---

^{XXV} [2, Bullen,1988]
^{XXVI} [8, Lambert, 2004]
^{XXVII}Das Vorkommen des quadratischen Mittelwertes q soll hier außer acht bleiben, da es wie erwähnt nur um die babylonische Ungleichungskette gehen soll.

Um dies zu zeigen muss man sehr genau vorgehen. Es sei zunächst gezeigt, dass die Strecke a dem arithmetischen Mittel der Strecken x und y entspricht. Dazu betrachte man die folgende Abbildung.

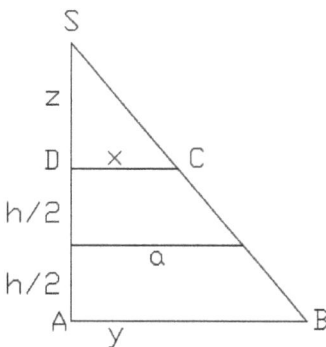

Abbildung 19: Ausgangstrapez $ABCD$ mit Verlängerung der nichtparallelen Seiten

Die Höhe des Trapez $ABCD$ sei mit h bezeichnet.

Wegen des Strahlensatzes gilt

$$\frac{x}{z} = \frac{y}{z+h} \qquad \Rightarrow \qquad z = \frac{-hx}{x-y}. \tag{33}$$

und

$$\frac{a}{z+\frac{h}{2}} = \frac{x}{z}. \tag{34}$$

Aus (33) und (34) folgt somit

$$\frac{a(2x-2y)}{-hx-hy} = \frac{x^2-xy}{-hx}$$

$$a = \frac{(x^2-xy)(-hx-hy)}{(2x-2y)(-hx)}$$

$$a = \frac{x(x-y)(x+y)(-h)}{2(x-y)(-h)x}$$

$$a = \frac{x+y}{2}$$

Damit wurde gezeigt, dass das arithmetische Mittel der Strecken x und y die Mittelparallele des Trapezes ist, die die Höhe des Trapezes in der Hälfte schneidet.

Das geometrische Mittel lässt sich auch problemlos herleiten.

Die folgende Abbildung zeigt das Trapez $ABCD$ mit der Mittelparallelen, die das Trapez in zwei ähnliche Trapeze zerlegt.

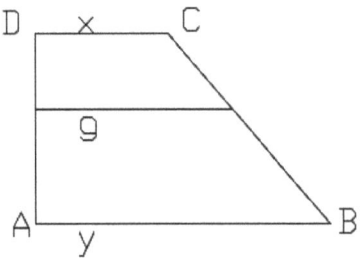

Abbildung 20: Ausgangstrapez $ABCD$ Mittelparallele g, die $ABCD$ in ähnliche Trapeze zerlegt.

Da die Mittelparallele g das Trapez in zwei ähnliche Dreiecke zerlegt, $\exists k \in \mathbb{R}^+$ so dass

$$x = k \cdot g \wedge g = k \cdot y. \tag{35}$$

Daraus folgt

$$k = \frac{x}{g} \tag{36}$$

und (35) und (36) liefern schließlich

$$g = \frac{x}{g} \cdot y$$
$$g^2 = xy$$
$$g = \sqrt{xy}$$

Die Strecke g ist also das geometrische Mittel der beiden Strecken x und y.

Der Nachweis, dass die Strecke h dem harmonischen Mittelwert von x und y entspricht, ist etwas umständlicher. Man betrachte zunächst folgende Zeichnung. [6][XXVIII]

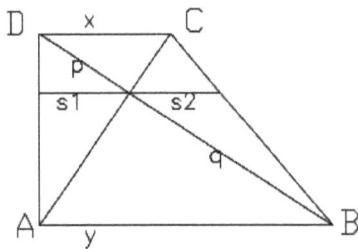

Abbildung 21: Mittelparallele durch Diagonalenschnittpunkt

Als erstes muss gezeigt werden, dass $s_1 = s_2$ gilt.

Dazu nutzt wieder der Strahlensatz etwas.

[XXVIII] [6, Hischer,2004]

Mit dem Zentrum des Strahlensatzes im Diagonalenschnittpunkt gilt:

$$\frac{x}{y} = \frac{p}{q}, \tag{37}$$

und mit dem Zentrum des Strahlensatzes in D gilt:

$$\frac{y}{s_1} = \frac{p+q}{p}. \tag{38}$$

Weiterhin gilt mit dem Zentrum des Strahlensatzes in B:

$$\frac{x}{s_2} = \frac{p+q}{q}. \tag{39}$$

Aus diesen Gleichungen erhält man

$$\frac{y}{s_1} \cdot \frac{s_2}{x} \overset{(38),(39)}{=} \frac{q}{p} \overset{(37)}{=} \frac{y}{x}.$$

Damit ist gezeigt, dass $s_1 = s_2$.

Es sei $s := s_1 = s_2$.

Dann gilt:

$$\frac{s}{y} \overset{(39)}{=} \frac{x \cdot q}{y(p+q)} \overset{(37)}{=} \frac{p}{p+q} = \frac{1}{1+\frac{q}{p}} \overset{(37)}{=} \frac{1}{1+\frac{y}{x}}.$$

Also gilt für s:

$$s = \frac{xy}{x+y}.$$

Damit ist tatsächlich die Strecke $h = 2 \cdot s$ das harmonische Mittel der Strecken x und y.

Man kann also das arithmetische, geometrische und harmonische Mittel als Mittelparallelen eines Trapezes darstellen. Das Reizvolle ist sicherlich, dass die babylonische Ungleichung sich sofort aus der Zeichnung erklärt.

Mit diesen beiden geometrischen Darstellungen soll die Theorie über Mittelwerte und Mittelwertfunktionen abgeschlossen werden. Die nächsten Kapitel beschäftigen sich mit der Möglichkeit, dieses Gebiet als Wahlpflichtbereich in einen Lehrplan einzufügen. Insbesondere gilt es zu zeigen, ob die Theorie den Anforderungen der Schulmathematik genügt.

2 Mittelwertfunktionen als möglicher Wahlpflichtbereich

2.1 Wahlpflichtbereiche im sächsischen Lehrplan

Im Jahr 2004 wurde der Lehrplan für das sächsische Gymnasium überarbeitet und grundlegend verändert. Ein wichtiger Teil dieser Veränderung war, moderne Hilfsmittel der Mathematik in den Mathematikunterricht zu integrieren. Der Lehrplan sieht es vor, Taschenrechner ohne Grafikdisplay ab dem 5. Schuljahr bis zum 8. Schuljahr einzusetzen. Ab der 8. Klasse soll der Schüler selbstständig mit einem programmierfähigen Grafikrechner umgehen können. Hinzu kommt aber auch der Einsatz von Tabellenkalkulationen, Computer-Algebra-Systemen (CAS) sowie dynamischer Geometriesoftware (DGS).

Mithilfe dieser Systeme musste natürlich auch die Struktur der einzelnen Lernbereiche überarbeitet werden. Der Lernbereich 1 in der 8. Klasse umfasst die Behandlung von Termen und Termstrukturen sowie von Gleichungen. Hier werden die Schüler bereits mit den CAS-Systemen konfrontiert. Sie lernen, wie sie einen Grafikrechner mit CAS-System[XXIX] sinnvoll zum Lösen komplizierter Gleichungen einsetzen können. Weiterhin hilft das CAS-System beim Zusammenfassen komplexer Terme sowie beim Wechseln zwischen Termstrukturen[XXX].

Die neue und moderne Mathematiksoftware unterstützt aber vor allem auch den Lehrer, der bei der Behandlung der einzelnen Lernbereiche erheblich Zeit einsparen kann. So können die Schüler viele Beispiele zum Gebiet der Termumformung und des Gleichungslösen eigenständig mit der geeigneten Software zu Hause bearbeiten.

Die gewonnene Zeit wird im sächsischen Lehrplan von 2004 für den Wahlpflichtbereich verwendet. Der Wahlpflichtbereich schließt jedes Schuljahr als letzter Lernbereich mit insgesamt 8 Unterrichtsstunden ab. Es wird aber auch darauf hingewiesen, dass dieser Lernbereich nicht ausschließlich am Schuljahresende behandelt werden muss. Die Einleitung des sächsischen Lehrplans weist ausdrücklich darauf hin, dass die vorgeschlagenen Wahlbereiche in andere Lernbereiche integriert werden können.

Somit dienen die Wahlpflichtbereiche im Lehrplan nicht nur der Behandlung weiterer Lernbereiche, sondern sie können genutzt werden um gezielt in anderen Lernbereichen das gelernte Wissen zu vertiefen oder anzuwenden. Es wird weiterhin darauf hingewiesen, dass die Wahlpflichtbereiche den Blick auf interessante Gebiete der Mathematik lenken sollen.

2.2 Wahlpflichtbereich zum Thema Mittelwertfunktionen

Mit den oben erwähnten Anforderungen an einen Wahlpflichtbereich sollte man nun die Überlegung anstellen, ob das Thema Mittelwertfunktionen diesen Anforderungen genügt. Die Anforderungen werden im aktuellen Lehrplan wie folgt formuliert:

[XXIX]dabei empfehlen sich die Rechner von Texas Instruments (TI-89 oder TI voyage 200)
[XXX]zum Beispiel Faktorisieren und Ausmultiplizieren

- Entwickeln von Problemlösefähigkeit

- Entwickeln eines kritischen Vernunftgebrauchs

- Entwickeln des verständigen Umgangs mit der fachgebundenen Sprache unter Bezug und Abgrenzung zur alltäglichen Sprache

- Entwickeln des Anschauungsvermögens

- Erwerben grundlegender Kompetenzen im Umgang mit ausgewählten mathematischen Objekten [1][XXXI]

Hinzu kommen die Anforderungen die ein Wahlbereich mit sich bringt. Das sind neben der zeitlichen Begrenzung von nur 8 Unterrichtsstunden die Interessantheit des Gebiets sowie die Möglichkeit der Integrierbarkeit in andere Lernbereiche.

Schaut man sich das Gebiet der Mittelwertfunktionen genauer an, so stellt man fest, dass dieser Teilbereich der Mathematik genügend Inhalt bietet um den oben genannten allgemeinen fachlichen Zielen eines Lernbereichs zu genügen.

Die Schüler entwickeln die *Problemlösefähigkeit* dadurch, dass sie bei unterschiedlichen Aufgaben aus einer Vielzahl von Mittelwerten auswählen müssen. Auch bei der Suche nach Mittelwerten müssen sie vielfältige mathematische Prozesse anwenden um die Terme für die Mittelwertfunktionen zu berechnen.

Die Aufgaben im Rahmen der Mittelwertbildung sind allerdings nicht nur hilfreich zur Entwicklung der Problemlösefähigkeit, sie dienen vor allem auch dem *kritischen Vernunftgebrauch*. So können die Schüler zum Beispiel mit dem Simpsonparadoxon auf die Idee der Mittelwertbildung und deren Komplexität sowie Vagheit gebracht werden.

Dass die Schüler auch einen *verständigen Umgang mit der fachgebundenen Sprache* entwickeln, sollte nachvollziehbar sein. Gerade der schmale Grat zwischen einem umgangssprachlichen Mittelwert und dem präzise definierten mathematischen Mittelwert macht es notwendig eine fachgebundene Sprache zu entwickeln. Besonders die Axiomatisierung von Mittelwertfunktionen unterstützt die Abgrenzung gegenüber der Umgangssprache.

Das *Anschauungsvermögen* der Schüler wird natürlich im Bereich der Mittelwertfunktionen besonders trainiert. Gerade die vielfältigen Möglichkeiten der Darstellung von Mittelwerten und Mittelwertfunktionen geben den Schülern die Gelegenheit eine Funktion unter mehreren Gesichtspunkten zu betrachten. Besonders das räumliche Vorstellen wird durch die Möglichkeit der dreidimensionalen Darstellung von Funktionen zweier Unabhängigen gefördert. Dies ist im Übrigen eine Anforderung, die die Schüler zu keinem Zeitpunkt in der Schule üben.[XXXII]

Das *Erwerben grundlegender Kompetenzen im Umgang mit mathematischen Objekten* wird bei der Behandlung der Mittelwertfunktionen ebenfalls geübt. So kann man zum

---

[XXXI] [1, Lehrplan,2004]
[XXXII] Mit Ausnahme des Wahlpflichtbereich 1 im Leistungskurs Klasse 12: Funktionen mit zwei Veränderlichen

Beispiel das Umformen von Termen, was ab der 8. Klasse ohne Frage zu einer grundlegenden Kompetenz gehört, bei der Behandlung der pythagoreischen Mittelwerte sehr anschaulich üben. Zusätzlich werden die Schüler den Begriff der Funktion vertiefen und sie werden gezielt mit Anwendungen zu diesem Gebiet konfrontiert. Weitere grundlegende Kompetenzen die der Schüler bei der Arbeit mir Mittelwertfunktionen erlangt sind Axiomatisieren, Beweisen, Begriffsbildung sowie Theoretisieren.

Damit wird verdeutlicht, dass der Bereich der Mittelwerte und Mittelwertfunktionen den allgemeinen fachlichen Zielen des Mathematikunterrichts genügt. Um weiterhin zu zeigen, dass dieser Lernbereich auch als Wahlpflichtbereich durchaus geeignet ist, sollte man also auch noch die wahlpflichtspezifischen Anforderungen kontrollieren.

Hier erscheint vor allem die zeitliche Begrenzung von 8 Unterrichtsstunden problematisch. Das Gebiet in seiner Fülle lässt sich nicht sehr zufrieden stellend komprimieren. Es kann also bei Weitem nicht alle angesprochene Theorie in den Unterricht genommen werden. Um die Überlegung zu stellen, auf welche Teilbereiche der Lehrer im Unterricht verzichten sollte, muss man als erstes sehen in welchem Schuljahr Mittelwertfunktionen behandelt werden können. Diese Überlegung wird im nächsten Abschnitt erläutert.

Abgesehen von der zeitlichen Begrenzung gilt es noch die Interessantheit des Themas und die Integrierbarkeit in andere Lernbereiche zu untersuchen.

Da der Begriff Mittelwert durchaus im umgangssprachlichen Bereich anzufinden ist, sollten die Schüler auch sehr schnell einen guten Zugang zu diesem Thema finden. Die Schüler können sicher alle mit dem arithmetischen Mittel umgehen[XXXIII] und haben eine vernünftige Vorstellung von einem Mittel bzw. von einer Mitte. Genau diese natürliche Vernunft gegenüber Mittelwerten kann man nutzen um geeignete und interessante Aufgaben zu stellen. Solche Aufgaben sind vor allem in der ersten Unterrichtsstunde von Nöten um die Schüler gleich für das neue Unterrichtsthema zu motivieren.

Die Integrierbarkeit der Mittelwertfunktionen in andere Lernbereiche liegt eigentlich schon in der Sache dieses Themas. So findet man sehr viele Anwendungen der Mittelwerte im Bereich der Stochastik und Statistik. Der Lehrer kann nun mithilfe der Theorie über Mittelwerte die unterschiedlichen Mitten an vielen Aufgaben zeigen. Weiterhin lässt sich die Findung der pythagoreischen Mittelwerte durch Umformen der Verhältnisgleichung wunderbar als Übung zum Termumformen im Lernbereich 1 der Klasse 8 nutzen. Besonders die Historizität dieser Terme sollte eine zusätzliche Motivation für die Schüler sein.

Die Potenzmittelwertfunktionen, die auf den Potenzmittelwerten beruhen, lassen sich wiederum sehr gut in den Lernbereich 1 der Klasse 9 integrieren. Hier lernen die Schüler Potenzen und Potenzfunktionen kennen, und sie können sich nun am Ende dieses Lernbereichs den klassischen Mittelwerten über die Potenzmittelwerte nähern und haben somit eine schöne Anwendung der Potenzen vorliegen.

[XXXIII]das arithmetische Mittel wird zwar im Mathematikunterricht in Klasse 9 im Lernbereich 4 behandelt, aber die meisten Schüler können ab der 7. Klasse schon Durchschnittsnoten mit Hilfe dieses Mittelwerts berechnen

Das große Gebiet der Mittelwertfunktionen lässt sich schlussendlich hervorragend in die allgemeine Behandlung der reellen Funktionen eingliedern. Im Lernbereich 4 der Klasse 10 lernen die Schüler funktionale Zusammenhänge kennen und behandeln in diesem sehr großen Lernbereich viele Klassen von reellen Funktionen. Hier kann der Lehrer die Funktionen von einer Unabhängigen auf Funktionen von zwei Unabhängigen erweitern. In der 11. und 12. Klasse ist die Darstellung von Mittelwertfunktionen ein guter Übergang von der anayltischen Behandlung von Funktionen zur linearen Algebra und analytischen Geometrie. Vor allem die unterschiedlichen Darstellungen und der Wechsel zwischen eindimensionalen und zweidimensionalen Graphen geben einen guten Überblick über geometrische Deutungen von algebraisch definierten Termen.[XXXIV]

Damit ist nun verdeutlicht, dass das Thema Mittelwerte und Mittelwertfunktionen sich gut als Wahlpflichtbereich im sächsischen Lehrplan eignen würde. Die Integrierbarkeit dieses Themas in eine große Anzahl von Lernbereichen wirft allerdings eine weitere Frage auf. Es ist nun zu klären in welchem Schuljahr die Mittelwertfunktionen behandelt werden sollten. Es wurde bereits gezeigt, dass der Schüler ab der 8. Klasse bereits ein hinreichendes Wissen über Termumformungen besitzt um die pythagoreischen Mittelwerte ausreichend herzuleiten. Da die Schüler aber erst in der 9. Klasse Mittelwerte als wichtiges Maß in der Statistik kennen lernen, sollte man überlegen das Thema der Mittelwertfunktionen erst im Anschluss zu behandeln. Der nächste Abschnitt beschäftigt sich genauer mit der möglichen Behandlung des Themas Mittelwerte und Mittelwertfunktionen in den Klassen 8-12.

2.3 Einbindung der Mittelwerte und Mittelwertfunktionen in die Klassen 8-12

Wie im vorherigen Abschnitt bereits erwähnt wurde, ist es generell möglich den Wahlbereich der Mittelwertfunktionen in den Klassen 8-12 zu behandeln. Für die Klassen 5 - 7 ist das Thema zu anspruchsvoll und könnte sicher nicht zur Zufriedenheit des Lehrers und der Schüler bewältigt werden.

Im Folgenden werden die Schwerpunkte gesetzt, die das Thema der Mittelwertfunktionen in den einzelnen Klassenstufen beinhalten könnte.

2.3.1 8.Klasse

Die Grundlage für die Behandlung der Mittelwertfunktionen in der 8. Klasse sind die beiden Lernbereiche 1 und 3 im Lehrplan. Im Lernbereich 1 lernen die Schüler die Arbeit mit Termen und Gleichungen, eine Behandlung die auf den Lernbereich 2 der 7. Klasse aufbaut (Arbeit mit rationalen Zahlen). Besonders im Vordergrund steht die Umformung von Termen, die bei Aufgaben mit höherem Schwierigkeitsgrad mit dem CAS-fähigen

---

[XXXIV]zum Beispiel Ebenengleichungen im Vergleich zu Geradengleichungen

Taschenrechner bewältigt wird. Diese Übungen können bei der Behandlung der Mittelwertfunktionen wunderbar vertieft werden. Vor allem hat der Lehrer die Möglichkeit die Wichtigkeit der Termumformung am Beispiel der Herleitung der pythagoreischen Mittelwerte zu verdeutlichen. Diese Chance sollte man nicht ungenutzt verstreichen lassen, da viele Schüler immer wieder einen fehlenden Nutzen der Mathematik beklagen.

Im Lernbereich 3 arbeiten die Schüler mit Funktionen. Sie definieren den Begriff einer *Funktion*, eine wichtige Grundlage um aus den pythagoräischen Mittelwerten Mittelwertfunktionen zu konstruieren. Ein wichtiger Schwerpunkt sollte sein, dass die Schüler erkennen, dass die Mittelwertfunktionen tatsächlich Funktionen sind. Über die grafische Darstellung können sich die Schüler diese Funktionen verdeutlichen und anhand der Graphen auch wichtige Eigenschaften von Funktionen (Nullstellen, Monotonie, Symmetrie, etc.)erkennen. Um den Schwierigkeitsgrad nicht zu hoch zu wählen, ist es hilfreich die Mittelwertfunktionen als Funktionen einer Unabhängigen zu betrachten. Dabei sollte zum Beispiel die zweite Variable der Mittelwertfunktionen konstant bleiben.

Um die Interessantheit des Themas zu gewährleisten, ist es sinnvoll auf die gesellschaftliche Bedeutung der Mittelwerte hinzuweisen. Vor allem die Bedeutung des arithmetischen Mittels ist wichtig. Anhand des Beispiels der Berechnung der Durchschnittsnote eines Schülers haben die Schüler einen guten Zugang zum Begriff des arithmetischen Mittels.

Aus diesen Überlegungen heraus lassen sich folgende Schwerpunkte für die Behandlung eines Wahlbereichs mit dem Inhalt der Behandlung von Mittelwertfunktionen festlegen:

- Berechnung eines Mittels einer Datenmenge mithilfe des arithmetischen Mittelwerts

- Herleitung der pythagoreischen Mittelwerte durch Termumformung der pythagoreischen Proportionen

- Grafische Veranschaulichung ausgewählter Mittelwertfunktionen mit konstanter zweiter Variable

Das Thema Mittelwerte und Mittelwertfunktionen lässt sich also in die 8. Klasse integrieren. Die Schwerpunkte, die man aber in dieser Klassenstufe setzen könnte, sind sehr eng gefasst und können nicht die ganze Theorie umfassen. Gerade die große Klasse der Potenzmittelwerte muss in der 8. Klasse herausgenommen werden. Im nächsten Abschnitt wird die Möglichkeit der Integration in die 9. Klasse untersucht.

2.3.2   9. Klasse

Die Schwerpunkte, die in der 8. Klasse gesetzt werden können, bleiben natürlich für die 9. Klasse erhalten. Es gilt nun zu überlegen, welche Erweiterungen getroffen werden können und in wie weit diese Erweiterungen die Behandlung der Mittelwertfunktionen verbessern. Die beiden Lernbereiche 1 und 4 der 9. Klasse sind hierbei die Grundlage für die Implementierung eines möglichen Wahlpflichtbereichs „Mittelwertfunktionen". Der Lernbereich

1 der 9. Klasse im sächsischen Lehrplan heißt „Funktionen und Potenzen" und ist somit eine wichtige Grundlage für die Behandlung von Mittelwertfunktionen. Zum einen wird die Behandlung von Funktionen weiterhin vertieft. Dabei steht vor allem die grafische Darstellung der Funktionen im Vordergrund, und die Schüler lernen Eigenschaften von verschiedenen Klassen von Funktionen. Bei der Behandlung der Mittelwertfunktionen kann dieses Wissen nicht nur vertieft sondern auch geeignet angewendet werden. Die Schüler können die Klassen von Mittelwertfunktionen an gemeinsamen Eigenschaften erkennen und wenden somit einen wichtigen Schritt des Mathematisieren, den Prozess des Klassifizierens, an. Allerdings muss man nach wie vor auf die Behandlung von zweidimensionalen Graphen in der 9. Klasse verzichten, da die Schüler noch nicht genügend Kenntnis von eindimensionalen Funktionen besitzen. Da der Verzicht auf diese grundlegende Eigenschaft aber sehr schwerwiegend ist, gilt es zu überlegen ob man das Thema bereits an dieser Stelle unterrichten sollte.

Ein anderer wichtiger Lerninhalt im Lernbereich 1 ist das Potenzieren. Dieser gibt dem Lehrer die Möglichkeit gegenüber den Schwerpunkten der 8. Klasse die wichtige Klasse der Potenzmittelwertfunktionen zu behandeln. Dabei sollte der Schwerpunkt im Unterricht sein, Verbindungen zwischen den pythagoreischen Mittelwerten und den Potenzmittelwerten zu setzen. Es ist meines Erachtens sinnvoll sich als Lehrer auf die vier klassischen Mittelwerte zu beschränken und mit den Schülern die verschiedenen Wege der Herleitung dieser Mittelwerte zu bearbeiten.

Der Lernbereich 4 der 9. Klasse liefert dem Schüler die Grundlage die Theorie der Mittelwertfunktionen auch praktisch einbeziehen zu können. In diesem Lernbereich geht es um die „Auswertung von Daten", wo die Schüler wichtige Kenntnisse der Statistik kennen lernen und beherrschen sollen. Vor allem die „Beurteilung der Aussagekraft der Mittelwerte" [1][XXXV] kann mit dem Wahlpflichtbereich Mittelwertfunktionen vertieft werden. Wenn die Schüler eine ganze Klasse an Mittelwerten zur Verfügung haben, können sie auch gezielt „sinnvolle" Mittelwerte zur Beschreibung von Datenmengen nutzen. Die Schüler könnten anhand verschiedener Datenmengen die Verteilung der pythagoreischen Mittelwerte und die Verteilung der Potenzmittelwerte berechnen und diskutieren. Dabei sollte allerdings beachtet werden, dass die Theorie über Mittelwerte und Mittelwertfunktionen, die in dieser Arbeit bearbeitet wird, sich nur mit Mittelwerten von 2 reellen Zahlen befasst. Die Erweiterung auf mehr als 2 Zahlen wird mit den Schülern anhand des arithmetischen Mittels behandelt, dies ist allerdings bei manchen Mittelwerten nicht so ohne weiteres möglich. Zudem sollte bei der Behandlung des Wahlpflichtbereichs über Mittelwertfunktionen immer im Vordergrund bleiben, dass dieses Gebiet historisch analytisch und nicht statistisch motiviert ist. Die Statistik liefert zwar ebenfalls einen motivierten Einstieg in die Anwendbarkeit von Mittelwerten, aber mithilfe der Statistik lässt sich nicht das analytische Gebiet der Mittelwertfunktionen herleiten. Der Lehrer sollte also immer beachten, dass dieser wichtige Unterschied der Herangehensweise den Schülern deutlich vermittelt

---

[XXXV] [1, Lehrplan,2004]

wird.

Wie bereits erwähnt wurde, unterscheiden sich die Schwerpunkte der 9. Klasse nicht sehr von denen der 8. Klasse. Der Einstieg in das Thema ist durch die Kenntnisse aus dem Bereich der Statistik wesentlich interessanter als es in der 8. Klasse möglich gewesen wäre. Hinzu kommt die Möglichkeit Potenzmittelwertfunktionen in das Thema mit aufzunehmen. Die Behandlung der Mittelwertfunktionen als Funktionen zweier Unabhängiger ist allerdings nach wie vor nicht zu empfehlen.

Es können damit für die 9. Klasse folgende Schwerpunkte gesetzt werden:

- Veranschaulichung der Unterschiedlichkeit der Mittelwerte, wobei die vier klassischen Mittelwerte im Vordergrund stehen

- Herleitung der pythagoreischen Mittelwerte durch Termumformung der pythagoreischen Proportionen

- Definition des Potenzmittelwerts

- Veranschaulichen der Gemeinsamkeiten der pythagoreischen Mittelwerte und der Potenzmittelwerte

- Grafische Veranschaulichung der verschiedenen Mittelwertfunktionen mit konstanter zweiter Variable und Erkennen ihrer Eigenschaften

Das Gebiet der Mittelwertfunktionen lässt sich schon wesentlich besser in die 9. Klasse integrieren als in die 8. Klasse. Vor allem die Möglichkeit den Einstieg über die Statistik zu motivieren ist ein großer Vorteil gegenüber dem Einstieg in der 8. Klasse. Es müssen aber immer noch wichtige Erkenntnisse der Theorie über Mittelwertfunktionen herausgelassen werden. Vor allem der Verzicht auf die zweidimensionalen Graphen ist sehr erheblich, was zur Folge hat, dass dieses Thema eher in einer Klassenstufe behandelt werden sollte, in der der Lehrer die ganze Theorie implementieren kann. Dieses ist m. E. ab der 10. Klasse möglich.

2.3.3   10. Klasse

In der 10. Klasse steht besonders die Arbeit mit reellen Funktionen im Vordergrund. Die Schüler lernen verschiedene Klassen von Funktionen kennen und behandeln Eigenschaften von Funktionen sehr umfassend. Die Grundlage für eine Behandlung der Mittelwertfunktionen in der 10. Klasse ist der Lernbereich 4 „Funktionale Zusammenhänge". Die Schüler kategorisieren und systematisieren verschiedene reelle Funktionen und erkennen gemeinsame Eigenschaften. Dabei steht die Verwendung eines grafikfähigen CAS-Rechner nicht mehr so stark im Vordergrund wie noch in der 8. oder 9. Klasse. Die Schüler sollen vielmehr die qualitativen Verläufe von einfachen Funktionen kennen und ohne weitere Hilfsmittel zeichnen und beschreiben können. Nach der Behandlung dieses Lernbereichs sollten die

Schüler eigenständig mit den Begriffen Monotonie, Symmetrie, Nullstellen, Definitionsbereich, Wertebereich und Extremwerte umgehen können. Dies ist im Hinblick auf die Behandlung von zweidimensionalen Funktionen essentiell, und der Lehrer kann durchaus diese Behandlung in der 10. Klasse in Betracht ziehen.

Da die Schüler im Lernbereich 4 in der 10. Klasse viele reelle, von einer Variablen abhängige Funktionen behandeln und diese auch ausführlich bearbeiten, wäre es unsinnig und wenig nützlich, wenn der Lehrer in einem anschließenden Wahlpflichtbereich wieder solche Funktionen behandelt. Es liegt nicht im Sinne eines Wahlbereichs den Stoff aus einem anderen Lernbereich zu wiederholen. Vielmehr soll das bekannte Wissen erweitert und vertieft werden. Hier hat der Lehrer mit dem Thema der Mittelwertfunktionen ein geeignetes Stoffgebiet indem die bereits erworbenen Kenntnisse über eindimensionale, reelle Funktionen auf zweidimensionale Mittelwertfunktionen erweitert werden. Dabei sollte vor allem die grafische Veranschaulichung mit dem CAS-Rechner im Vordergrund stehen.

Die Interessantheit des Gebiets der Mittelwertfunktionen liegt darin, dass die zweidimensionalen Flächen mit dem für die Schüler zugänglichen Taschenrechner gut dargestellt werden können.

Hierbei ist es allerdings wichtig, dass der Lehrer sich nicht in die dreidimensionale Darstellung „verliebt" und den Schülern den eigentlichen Hintergrund, nämlich die Behandlung von Mittelwerten, verwehrt.

Der Wahlpflichtbereich mit den Mittelwertfunktionen muss, wie auch schon in der 9. Klasse, durch anschauliche und alltagsrelevante Beispiele motiviert werden. Grundlegend ist es, den Schülern das Vorhandensein und die Notwendigkeit von einer Menge von Mittelwerten zu verdeutlichen. Danach sollten die zwei wichtigen Klassen von Mittelwerten, die pythagoreischen Mittelwerte und die Potenzmittelwerte, definiert, bzw. hergeleitet werden. Dabei müssen die Schüler wiederum motiviert werden, den CAS-Rechner zur Herleitung der Mittelwerte zu nutzen.

Wenn die beiden Klassen von Mittelwertfunktionen definiert, bzw. hergeleitet wurden, steht die Darstellung der Funktionen an. Hier müssen verschiedene Darstellungsmöglichkeiten aufgrund ihrer Anschaulichkeit und Nützlichkeit diskutiert werden. Dies ist besonders reizvoll, da die Schüler bis zu diesem Zeitpunkt nicht sehr viele Darstellungsmöglichkeiten kennen (der Lehrer beschränkt sich meist auf Wertetabellen und Graphen).

Ein weiterer wichtiger Punkt im Gebiet der Mittelwertfunktionen ist die Ungleichung, die im Abschnitt (1.4) ausführlich behandelt wurde. Es ist wichtig, dass die Schüler auf verschiedenen Wegen die Richtigkeit dieser für die Schüler aufgestellten Vermutung [XXXVI] erkennen, und den wichtigen Teil, nämlich dass immer $H(x;y) \leq G(x;y) \leq A(x;y)$ gilt, auf möglichst vielseitige Art und Weise beweisen.

Mit der Behandlung der Ungleichung der Mittelwertfunktionen ist das Thema für den

---

[XXXVI]die Ungleichung wird wohl im Unterricht als Vermutung oder Hypothese aufgestellt, und da der Lehrer mit den Schülern diese nicht vollends beweisen kann, bleibt sie zum großen Teil als Vermutung stehen.

Lehrer und für die Schüler zufrieden stellend abgerundet. Die Theorie wurde in einem vernünftigen Maße als Unterrichtsgebiet bearbeitet, und der Lehrer muss auf keine wichtigen Erkenntnisse der Theorie verzichten. Damit ist gezeigt, dass der Wahlpflichtbereich über Mittelwerte in der 10. Klasse sinnvoll behandelt werden kann, und hieraus kann man nun die folgenden Schwerpunkte für die Behandlung dieses Themas in der 10. Klasse festlegen:

- Veranschaulichung der Unterschiedlichkeit der Mittelwerte, wobei die vier klassischen Mittelwerte im Vordergrund stehen

- Herleitung der pythagoreischen Mittelwerte durch Termumformung der pythagoreischen Proportionen

- Definition des Potenzmittelwerts und Herleitung der Gemeinsamkeiten mit den pythagoreischen Mittelwerten

- Grafische Veranschaulichung von Mittelwertfunktionen als zweidimensionale Flächen und als eindimensionale Kurven bei festgehaltener zweiten Variable

- Erkennen einer möglichen Ungleichung, der die Mittelwertfunktionen unterliegen und Kennen von Beweismöglichkeiten dieser Ungleichung

Mit diesen Schwerpunkten sieht man schnell ein, dass der Wahlpflichtbereich mit dem Thema der Mittelwerte und Mittelwertfunktionen durchaus in der 10. Klasse behandelt werden kann.

2.3.4   11. Klasse

Nachdem nun schon gezeigt wurde, dass die komplette Theorie aus dem Kapitel (1) in der 10. Klasse, wenn auch möglicherweise in vereinfachter Form, unterrichtet werden kann, gilt es noch zu überlegen, ob es sinnvoller ist, das Gebiet der Mittelwertfunktionen im Kurssystem der Sekundarstufe II zu behandeln.

Dabei muss man zuerst überlegen, ob man zwei unterschiedliche Wahlpflichtbereiche für den Grundkurs und für den Leistungskurs entwickeln sollte. Wenn man einen Wahlbereich für die 11. bzw. auch für die 12. Klasse erstellt, so sollte es Unterschiede zwischen dem Grund- und dem Leistungskurs geben. Da aber für beide Kursarten nur 8 Lehrstunden für einen Wahlpflichtbereich zur Verfügung stehen, ist es schwierig Differenzierungen zu finden. Das Gebiet müsste im Leistungskurs viel komplexer bearbeitet werden können, das heißt die Theorie müsste genügend Potenzial haben um innerhalb der Schwerpunkte Differenzierungen vorzunehmen.

Die Möglichkeit der Differenzierung bringt das Thema Mittelwerte und Mittelwertfunktionen sicherlich mit. So könnte man zum Beispiel in einem Leistungskurs die Herleitung der pythagoreischen Mittelwerte viel umfassender bearbeiten als im Grundkurs. Der Lehrer könnte im Leistungskurs alle möglichen pythagoreischen Verhältnisse aufstellen lassen und diese auf Gleichheiten überprüfen lassen. Dies ist eine sehr anspruchsvolle Arbeit, die von den Schülern vor allem einen sicheren und guten Umgang mit den mathematischen Hilfsmitteln verlangt.

Die bestmögliche Differenzierung im Gebiet der Mittelwertfunktionen liegt sicherlich beim Beweis der mittlerweile oft genannten Ungleichung. Hier kann es im Grundkurs genügen die Vermutung einer Ungleichung aus geeigneten Darstellungen abzuleiten und die etwas einfachere Teilungleichung, die das geometrische, arithmethische, harmonische und kontra-harmonische Mittel betrifft, direkt zu beweisen. Im Leistungskurs könnte man verlangen, die Beweise auf weitere pythagoreische Mittelwerte oder auf andere Potenzmittelwerte zu erweitern. Ebenso kann man im Leistungskurs versuchen, geometrische Anschauungen der Ungleichung der Mittelwertfunktionen zu finden und konstruktiv aufzubauen. Diese sehr anspruchsvolle und gleichzeitig sehr interessante Aufgabe wäre für den Unterricht von großem Nutzen.

Es ist also in der Tat möglich innerhalb des Gebiets der Mittelwerte und Mittelwertfunktionen zu differenzieren. Damit ist eine Grundlage für die Erstellung zweier im Niveau unterschiedlicher Wahlbereiche für die Klasse 11 (und in diesem Sinne auch für die 12. Klasse) gegeben. Es müsste aber noch geklärt werden, welche Bedingungen an einen Wahlpflichtbereich in der Sekundarstufe II gestellt werden müssen, und ob das Thema über Mittelwerte und Mittelwertfunktionen diesen Bedingungen genügt. Dazu schaut man sich am besten die Wahlpflichtbereiche an, die im Moment im Lehrplan der 11. Klasse zu finden sind.

Der Lehrplan der 11. Klasse schlägt 3 Wahlpflichtbereiche vor. Diese sind im Grundkurs und im Leistungskurs:

1. Kegelschnitte

2. Numerische Verfahren zum Lösen von Gleichungen

3. Dynamische Systeme und fraktale Strukturen

Es fällt auf, dass die beiden Wahlbereiche 2 und 3 auf dem Grenzwertbegriff, dem wichtigsten Begriff der Sekundarstufe II, aufbauen. Sowohl bei den numerischen Verfahren zum Gleichungslösen, als auch bei den fraktalen Strukturen müssen die Schüler mit dem Grenzwertbegriff und mit Konvergenzuntersuchungen umgehen können. Dabei unterscheiden sich die Wahlbereiche vom Inhalt des Lernbereich 1 (Differentialrechnung) in dem Punkt, dass die Schüler nun das theoretische Wissen über Konvergenzen und Grenzwerte mit praktischen Methoden anwenden. Es liegt also, wie bereits mehrfach gefordert, die Integrierbarkeit der Wahlbereiche in andere Lernbereiche der jeweiligen Klassenstufe vor. Der Wahlpflichtbereich 1 beschäftigt sich mit einem geometrischen Thema und dient von daher für das eher analytische Thema der Mittelwerte und Mittelwertfunktionen nicht als Referenz.

Wenn man einen Wahlpflichtbereich mit dem Thema der Mittelwerte und Mittelwertfunktionen in die 11. Klasse integrieren möchte, so sollte dieses Gebiet auch den Stoff der 11. Klasse integrieren. Vor allem aber ist es wünschenswert, dass jedes analytische Thema in der Sekundarstufe II den zentralen Begriff des Grenzwerts in irgendeiner Art benötigt. Diese gewünschte Bedingung kann mit dem Thema über Mittelwerte und Mittelwertfunktionen nicht erfüllt werden. Aus diesem Grund ist es m. E. nach nicht sehr sinnvoll dieses Thema als Wahlbereich in die 11. Klasse hinein zu nehmen. Das Gebiet der Mittelwerte ist zwar sehr komplex und durchaus für Schüler der 11. Klasse anspruchsvoll, es genügt aber wahrscheinlich nicht den curricularen Anforderungen die ein Lernbereich in der Sekundarstufe II mit sich bringt. Von daher ist die Einbindung der Mittelwertfunktionen in die 11. Klasse eher ungeeignet.

2.3.5 12. Klasse

Da eben gezeigt wurde, dass der Wahlpflichtbereich der Mittelwerte und Mittelwertfunktionen nicht in die 11. Klasse eingefügt werden kann, gilt dies nun unter ähnlichen Vorzeichen auch für die 12. Klasse. Es wurde gesagt, dass das Thema deswegen nicht integriert werden kann, weil sein Inhalt den geforderten Ansprüchen nicht zufrieden stellend genügt. Offensichtlich werden diese Ansprüche in der 12. Klasse nicht kleiner, so dass man immer noch davon ausgehen muss, dass das Thema auch für eine 12. Klasse nicht geeignet ist. Ein wichtiger Aspekt innerhalb der Mittelwertfunktionen, die Behandlung von Funktionen von zwei Unabhängigen, passt aber sehr gut in den Lehrplan der 12. Klasse. Interessanterweise gibt es nämlich im aktuellen Lehrplan einen Wahlpflichtbereich mit genau diesem Thema. Der Wahlpflichtbereich 1 des Leistungskurs der 12. Klasse heißt: „Funktionen mit zwei Veränderlichen". Anders als bei den Mittelwertfunktionen, soll nicht nur eine Klasse von Funktionen sondern verschiedene Funktionstypen mit zwei Veränderlichen untersucht werden. Vor allem die Behandlung der partiellen Ableitung und deren geometrische Deutung steht dabei im Vordergrund. Diese Aspekte wären bei der Behandlung der Mittelwertfunktionen unangebracht. Zwar könnte man die partielle Differenzierbarkeit der verschiedenen Mittelwertfunktionen untersuchen und diskutieren, dies würde aber von der Tatsache, dass es um Mittelwerte von zwei Zahlen geht, ablenken.
Es ist damit auch in der 12. Klasse von der Behandlung der Mittelwerte und Mittelwertfunktionen abzusehen. Es ist aber sehr empfehlenswert, Mittelwertfunktionen als Funktionen mit zwei Veränderlichen in den Wahlbereich 1 des Leistungskurs Klasse 12 mit aufzunehmen. Dies macht vor allem dann Sinn, wenn das Thema der Mittelwerte in einer anderen Klassenstufe bereits unterrichtet wurde.

Damit sind die Untersuchungen über die möglichen Klassenstufen in denen das Thema Mittelwerte und Mittelwertfunktionen behandelt werden kann abgeschlossen. Es wurde deutlich erklärt, dass dieses Gebiet generell erst ab der 8. Klasse unterrichtet werden könnte. Es wurde aber auch klar gemacht, dass jeweils in der 8. und 9. Klasse zu viele wesentliche Inhalte herausgenommen werden müssten, da das Thema sonst für diese Altersstufen zu komplex wäre. Weiterhin wurde festgestellt, dass das Thema wiederum in der 11. und 12. Klasse unangebracht ist, da es den inhaltlichen Anforderungen der Sekundarstufe II nicht genügt. Die wichtigste Erkenntnis war, dass der Wahlpflichtbereich Mittelwerte und Mittelwertfunktionen sich wunderbar in die 10. Klasse einfügen lässt. Es wurde gezeigt, dass das Gebiet wichtigen Erkenntnisse der anderen Lernbereiche der Klasse 10 vertieft und anwendet. Diese beiden Bedingungen waren eingangs die wichtigsten Bedingungen, die an einen Wahlpflichtbereich gestellt wurden. Damit kann dieses Kapitel mit der folgenden These abgeschlossen werden, die nun auch durch die Ausführungen bewiesen wurde.

THESE 1

Das Gebiet der Mittelwerte und Mittelwertfunktionen lässt sich als Wahlpflichtbereich in die 10. Klasse integrieren.

Im nächsten Kapitel soll gezeigt werden, dass das Gebiet der Mittelwerte und Mittelwertfunktionen den allgemeinen, inhaltlichen Forderung eines Lernbereichs in der Mathematik entspricht.

3 Lernziele und -inhalte des Themas Mittelwerte und Mittelwertfunktionen

Das vorhergehende Kapitel hat nun bereits festgelegt, dass das Thema Mittelwerte und Mittelwertfunktionen als Wahlbereich in der 10. Klasse behandelt werden sollte. Keineswegs wurde aber geklärt, ob dieses Thema sich überhaupt als Unterrichtsstoff in der Schule eignet.

Deswegen soll an dieser Stelle gezeigt werden, dass die Theorie über Mittelwerte und Mittelwertfunktionen genügend Inhalt liefert, um für die Schulmathematik relevant zu sein. Dazu sei folgende These formuliert, die im Nachhinein belegt werden soll.

THESE 2

Das Thema Mittelwerte und Mittelwertfunktionen genügt den fachübergreifenden und allgemeinen Zielen der Fachs Mathematik.

Um diese These zu stützen, muss man sich die so genannten fachübergreifenden und allgemeinen Ziele des Fachs Mathematik näher anschauen.

3.1 Fachübergreifende Ziele des Fachs Mathematik

In [10]^{XXXVII} werden folgende drei Unterkategorien für die fachübergreifenden Ziele genannt:

1. Fundamentale Denktätigkeiten und -haltungen

2. Geistige Grundtechniken

3. Allgemeine «Erziehungsziele». [10]

Diese drei fachübergreifenden Ziele des Mathematikunterrichts können nun noch weiter gegliedert werden. In [10] wird das erste fachübergreifende Ziel in sechs weitere Ziele gegliedert. Anhand dieser soll gezeigt werden, dass das Thema der Mittelwerte und Mittelwertfunktionen für die Schule geeignet ist.

3.1.1 Fundamentale Denktätigkeiten und -haltungen

Anschauungsvermögen Diese Kategorie wird in zwei verschiedenen Sinnen verstanden, zum einen das *räumliche Vorstellungsvermögen* und zum anderen der *Nutzen von Anschaulichkeit* [10].

Das räumliche Vorstellungsvermögen finden wir hauptsächlich in der Geometrie, wenn zum Beispiel aus einem Grund- und Aufriss eine dreidimensionale Figur entstehen soll. Im gewissen Sinne finden wir es aber auch bei den Mittelwertfunktionen, da die Schüler die verschiedenen Ungleichungen anhand der dreidimensionalen Graphen erkennen sollen.

XXXVII [10, Zech,1998]

40

Auch das Nutzen von Anschaulichkeit findet bei diesem Thema statt. Hier geht es darum, gewisse Sachverhalte durch Skizzen oder Graphen zu veranschaulichen, eine Tätigkeit die bei der Darstellung von Funktionen ohnehin selbstverständlich ist.

Man kann damit feststellen, dass das Thema Mittelwerte und Mittelwertfunktionen das Ziel des Anschauungsvermögens erfüllt.

Logisches Denken Auch hier wird die Kategorie wieder in zwei Teile gespalten: das *innermathematische* und das *äußermathematische* logische Denken. [10][XXXVIII]. Das erste sind die Regeln der Logik, das heißt Schlussfolgerungen, Implikationen, etc. Dies ist eine Technik, die vor allem bei Beweisverfahren angewendet wird.

Da der Beweis der Ungleichung zumindest für die vier klassischen Mittelwertfunktionen behandelt wird, kommen diese Beweistechniken selbstverständlich zum Tragen.

Das zweitere wird in [10] als „logische Prinzipien auf Alltagssprache und außermathematische Situationen anwenden können" [10] verstanden. Da dies ein sehr allgemeines Ziel ist, ist es äußerst schwierig zu belegen. Man kann sicherlich zufrieden sein, wenn die innermathematische Logik gefördert wird, weswegen das Ziel des logischen Denkens durchaus mit dem Gebiet der Mittelwerte und Mittelwertfunktionen erfüllbar scheint.

Kommunikationsfähigkeit und Kooperationsfähigkeit Ein wesentlicher Aspekt innerhalb dieses Zieles ist es mit den Mitteln der Logik Aussagen zu überprüfen, zu verifizieren oder zu falsifizieren. Die Schüler sollen ihr Handeln vor allem rational belegen können. Dieses Ziel wird vor allem bei dem Einstieg in das Thema der Mittelwertfunktionen, also bei Beispielen mit verschiedenen Mittelwerten, erfüllt. Die Schüler müssen bei vielen Aufgaben immer wieder entscheiden, welcher der vielen verfügbaren Mittelwerte zu wählen ist, und warum ein Mittelwert unter Umständen „bessere" Ergebnisse liefert als ein anderer.

Sprachförderung und Kritikfähigkeit Dieses Ziel steht im engen Kontakt mit dem vorhergehenden. Vor allem die Kritikfähigkeit kann durch geeignete Aufgaben mit verschiedenen Mittelwerten gefödert werden. Für die Sprachförderung der Schüler ist der Lehrer im Wesentlichen verantwortlich. Durch genaue Bezeichnungen und Definitionen kann er den Schülern eine korrekte und eindeutige Sprache unterrichten, die dann von den Schülern adaptiert wird.

Förderung von Problemlöseverhalten und Kreativität Dieses Ziel ist das wichtigste unter den bereits genannten im Bezug auf einen Wahlpflichtbereich. Das Hervorheben der Problemlösefähigkeit als Ziel soll den Wahlbereich von den üblichen Lernbereichen unterscheiden.

[XXXVIII] [10, Zech,1998]

Das Thema der Mittelwerte und Mittelwertfunktionen unterstützt die Problemlösefähigkeit im besonderen Maße. Zum einen sind die Funktionen mit zwei Veränderlichen für die Schüler neu und unbekannt, dass sie sich eigene Ideen und Lösungsansätze zwangsläufig suchen müssen. Zum anderen stimulieren geeignete Aufgaben in denen Mittelwerte eine Rolle spielen das Neugierverhalten der Schüler, und sie motivieren damit zu gleich Probleme mit erhöhtem Schwierigkeitsgrad zu lösen. Dieses Ziel wird mit dem Gebiet der Mittelwerte und Mittelwertfunktionen ausreichend erfüllt.

Selbsständigkeit und Selbsttätigkeit Dieses Ziel ist m.E. weniger an den Inhalt des Stoffes sondern an die Unterrichtsform des Lehrers geknüpft. Mit geeigneten Ansätzen zu Partner- oder Gruppenarbeit können die Schüler die Selbstständigkeit und Selbsttätigkeit fördern. Das Gebiet der Mittelwertfunktionen mit seiner Komplexität bietet dem Lehrer genügend Möglichkeiten, Methodenwechsel in den Unterricht einzubringen.

3.1.2 Geistige Grundtechniken

Auch diese Kategorie der fachübergreifenden Ziele werden in [10][XXXIX] aufgeteilt. Bei den geistigen Grundtechniken gibt es acht verschiedene Formen.

Vergleichen Hier soll das Erfassen von Gemeinsamkeiten und Unterschieden gewisser Objekte gefördert werden. Wenn man die Mittelwerte und auch die Mittelwertfunktionen als solche Objekte ansieht, dann stellt man fest, dass das Vergleichen dieser Dinge natürlich eine große Rolle in der Behandlung dieses Themas spielt.

Ordnen Genau wie beim Vergleichen geht es auch hier um das Ordnen gewisser Objekte. Mit den Mittelwertfunktionen und der Ungleichung, mit der die Mittelwertfunktionen in eine Ordnung gebracht werden können, liegt die Zielerfüllung bereits auf der Hand.

Abstrahieren Eine wichtige Rolle spielt hier die Unterscheidung zwischen wesentlichen und unwesentlichen Aspekten gewisser Objekte. Diese Tätigkeit müssen die Schüler dann beherrschen, wenn sie zum Beispiel die Potenzmittelwertfunktionen behandeln. Dort müssen sie sich für gewisse Potenzen entscheiden um sinnvolle Mittelwertfunktionen zu konstruieren.

Verallgemeinern Hier geht es vor allem darum, Vermutungen aufzustellen und aus gegebenen Objekten Verallgemeinerungen aufzustellen. Diese Fähigkeit wird vor allem dann geübt, wenn die Schüler aus den Graphen der Mittelwertfunktionen die Ungleichung vermuten und dann diese versuchen zu beweisen. Bei der Herleitung der pythagoreischen Mittelwerte müssen die Schüler ebenfalls verallgemeinern. So schließen sie aus einer Proportion auf eine ganze Klasse von Mittelwerten.

[XXXIX] [10, Zech, 1998]

Klassifizieren Diese Fähigkeit muss sicher im Hinblick auf die Theorie über Mittelwerte und Mittelwertfunktionen nicht besonders erläutert werden. Die grundlegende Tätigkeit ist es schließlich, die gefundenen und hergeleiteten Mittelwerte zu klassifizieren, also aufgrund gemeinsamer Eigenschaften zusammen zu fassen. Hier dient das Thema der Mittelwertfunktionen also ganz offensichtlich der Zielerfüllung.

Konkretisieren bzw. Spezialisieren Hier sollen die Schülern allgemeine Fälle auf spezielle Fälle anwenden. Das wird zum Beispiel dann geübt, wenn die Schüler die Mittelwertfunktionen nur als Funktionen mit einer Veränderlichen betrachten, in dem sie zum Beispiel die zweite Variable festhalten. Sie lernen, wie sie aus Spezialfällen wichtige Eigenschaften erkennen können, die im Nachhinein durch Verallgemeinerung auf den allgemeinen Fall übertragen werden.

Formalisieren Unter diesem Punkt versteht man die Fähigkeit einen gewissen Sachverhalt zu kodifizieren, beziehungsweise zu strukturisieren. Diese Fähigkeit wird zum Beispiel sehr stark geübt, wenn die Schüler aus der einfachen geometrischen Beziehung eines Mittelwerts die Termstrukturen der pythagoreischen Mittelwerte ermitteln.

Analogisieren Hier sollen die Schüler zwei voneinander verschiedene Sachverhalte aufgrund von Gemeinsamkeiten vergleichen. Dies findet statt, wenn die Schüler die pythagoreischen Mittelwerte mit den Potenzmittelwerten vergleichen. Sie stellen sehr leicht Gemeinsamkeiten fest und können somit Analogien herstellen.

3.1.3 Allgemeine «Erziehungsziele» des Mathematikunterrichts

Diese Zielkategorie zählt zu den problematischsten. Man meint mit den allgemeinen Erziehungszielen die Erziehung zu Ordnung, Sauberkeit und Disziplin. Inwieweit ein Wahlpflichtbereich mit insgesamt 8 Unterrichtsstunden dazu beitragen kann ist sicherlich fraglich. Es gilt aber, wie in jedem anderen Lernbereich des Mathematikunterrichts, die Schüler auf Genauigkeit bei Rechenwegen und auf Vollständigkeit bei Lösungsversuchen zu erinnern. Dies sollte keine penible Disziplinierungsmaßnahme sein, sondern soll vielmehr den Charakter des Mathematikunterrichts und der Mathematik als naturwissenschaftliche Disziplin verdeutlichen. Zu diesem sehr allgemeinen Ziel kann der Wahlpflichtbereich mit den Mittelwerten und Mittelwertfunktionen selbstverständlich beitragen.

Damit ist gezeigt, dass der mögliche Wahlpflichtbereich der Mittelwerte und Mittelwertfunktionen die fachübergreifenden Ziele des Fachs Mathematik erfüllen kann. Im Weiteren muss noch gezeigt werden, dass auch die allgemeinen fachbezogenen Ziele des Mathematikunterrichts erfüllt werden können.

3.2 Allgemeine Ziele des Fachs Mathematik

Wie schon bei den fachübergreifenden Zielen werden in [10][XL] die allgemeinen Ziele des Fachs Mathematik in verschiedene Unterkategorien aufgeteilt. Diese sind die zwei folgenden:

1. Auf Einzelinhalte bezogene Fähigkeiten und Haltungen

2. Auf das Fach insgesamt bezogene Einsichten und Einstellungen [10]

Diese beiden Ziele benötigen selbstverständlich noch genauere Erläuterungen. Aus diesem Grund werden sie im Folgenden noch weiter unterteilt und analysiert.

3.2.1 Auf Einzelinhalte bezogene Fähigkeiten und Haltungen

In diesem Bereich kann man vier verschiedene wichtige Fähigkeiten und Haltungen herauskristallisieren, die sich als wichtig für die Schüler etabliert haben. Nicht alle diese Fähigkeiten können mit nur einem Wahlthema gefördert oder geübt werden, oft benötigt es viele Schuljahre bis die Schüler die gewünschten Fähigkeiten trainiert haben.

Beherrschung so genannter «Kulturtechniken» In diesem Ziel fordert man einen sicheren Umgang mit Operationen die aus dem Mathematikunterricht stammen und für das gesellschaftliche Leben der Schüler nützlich sind. In [10] werden dafür zum Beispiel das Einmaleins oder auch Flächen- und Volumenberechnungen genannt. Diese Sachen sollte der Schüler immer wieder im Schulunterricht üben und können somit nicht an einen konkreten Lernbereich geknüpft werden. Was das Wahlthema der Mittelwerte und Mittelwertfunktionen aber gegenüber anderen Lernbereichen hervorhebt, ist die Anwendung von Computern, Dynamischer Geometriesoftware und Computer-Algebra-Systemen. Ein Umgang mit solchen elektronischen Geräten kann heutzutage zu den Kulturtechniken gezählt werden. In diesem Sinne kann das Wahlgebiet Mittelwerte und Mittelwertfunktionen zu der Beherrschung der Kulturtechniken beitragen.

Ein Verständnis für «Algorithmisieren» Die Fähigkeit des *Algorithmisieren*, also des Zerlegen von Operationen in ihre einzelnen Arbeitsschritte, ist heute von großer Bedeutung. In vielen Situationen müssen die Schüler Prozesse ausführen. Dabei ist es von großer Bedeutung, dass sie diese nicht nur aufgrund gewisser Schemata beherrschen, sondern dass die Schüler verstehen, warum sie die Schritte in einer bestimmten Reihenfolge ausführen müssen. Auf den Unterricht bezogen bedeutet das, dass die Schüler nicht nur mit dem Rechner verschiedene Sachen berechnen können, sondern dass sie auch wissen, warum die Lösung des Rechners in dem Moment die richtige ist. Das heißt sie sollen die Arbeits- und Vorgehensweise verstehen und nachvollziehen können. Damit hat der Lehrer

---

[XL] [10, Zech, 1998]

im Wahlbereich Mittelwerte und Mittelwertfunktionen eine große Verantwortung. Da die Schüler ja bewusst mit den CAS-Systemen arbeiten sollen, muss der Lehrer den Schülern verdeutlichen welche Arbeitsschritte bei den Rechnungen gemacht werden. Dann können die Schüler die Algorithmen verstehen und effektiv die Computer und Rechner einsetzen.

Die Fähigkeit, (einfachere) Umweltsituationen zu mathematisieren Das Mathematisieren ist ein wichtiger Prozess, der gerade für die vielen Sachaufgaben im Unterricht wichtig ist. Die Schüler sollen Probleme aus Alltagssituationen mit den mathematischen Kenntnissen lösen und die Lösung dann wieder auf die Alltagssituation übertragen. Diese Fähigkeiten werden bei dem Thema der Mittelwerte in besonderer Weise geübt. Die Aufgaben, die mit Mittelwerten gelöst werden sollen, stammen zum größten Teil aus der Alltagswelt der Schüler [XLI] und müssen mit mathematischen Kenntnissen bewältigt werden. Vor allem der Übergang von der konkreten Aufgabe zu dem termdefinierten Mittelwert fördert das Mathematisieren gut.

Die Fähigkeit, Umwelterscheinungen mathematischer Art zu verstehen (und kritisch zu beurteilen) Diese sogenannten „Umwelterscheinungen mathematischer Art" spielen bei den Mittelwertaufgaben eine große Rolle. Vor allem das Beispiel zum Simpson-Paradoxon sollte die Schüler motivieren, diese Erscheinung kritisch zu beurteilen. Es liegt aber natürlich auch am Lehrer, die Schüler auf dieses Phänomen aufmerksam zu machen und so den kritischen Vernunftgebrauch der Schüler zu aktivieren. Gelingt dies, dann trägt das Wahlgebiet der Mittelwerte und Mittelwertfunktionen zur Zielerfüllung bei.

3.2.2 Auf das Fach insgesamt bezogene Einsichten und Einstellungen

Auch dieses Teilziel wird noch in zwei Kategorien unterteilt.

Die Fähigkeit, Möglichkeiten und Grenzen der Mathematik zu sehen Im gewissen Sinn knüpft dieses Ziel an ein bereits genanntes an, nämlich kritisch zu denken. Hier ist aber die Kritik gegenüber der Mathematik als Disziplin gemeint. Dies wird dann trainiert, wenn die Schüler verschiedene Mittelwerte evaluieren müssen, das heißt wenn sie erkennen sollen, wann welcher Mittelwert die „besten" Resultate liefert. Die Schüler lernen also die oft sehr genauen[XLII] Ergebnisse kritisch zu beurteilen und deren Bedeutung für die Alltagswelt zu hinterfragen.

Die Freude an der ästhetischen und spielerischen Seite der Mathematik Dieses Ziel fordert, dass die Schüler den „Freizeitwert und die Schönheit" [10][XLIII] der Mathematik erkennen. Der ästhetische Aspekt der Mathematik wird bei der Darstellung der

---

[XLI]zumindest sollten die Aufgaben in diesem Bereich aus der Alltagswelt der Schüler stammen, damit die Interessantheit des Themas gewahrt wird

[XLII]das heißt mathematisch genau

[XLIII] [10, Zech,1998]

Mittelwertfunktionen, vor allem bei der dreidimensionalen Darstellung, verdeutlicht. Das sollte der Lehrer bei dieser Behandlung auch immer wieder den Schülern erklären. Es ist wichtig, dass die Schüler verstehen, dass die Darstellung der Funktionen als Graphen nicht nur zum Selbstzweck sondern auch wegen ihrer Schönheit behandelt wird. Wenn die Schüler diese Form der Ästhetik verstehen, erhöht sich auch die Motivation die Graphen von verschiedenen Funktionen zu untersuchen.

Der Freizeitwert der Mathematik wird bei den Mittelwerten und Mittelwertfunktionen selbstverständlich auch gefördert. Vor allem das Simpson-Paradoxon als Einstieg besitzt einen großen Freizeitwert, da diese Statistiken in der heuten Gesellschaft häufig vorkommen.

Damit wurde gezeigt, dass das Gebiet der Mittelwerte und Mittelwertfunktionen den Zielen des Mathematikunterrichts entspricht. Es spricht in diesem Sinne alles dafür, dieses Thema in die Schulmathematik aufzunehmen.

Ein weiterer Punkt, der für die Hinzunehmung des Themas Mittelwerte und Mittelwertfunktionen zum Lehrplan spricht ist die historische Bedeutung dieser Funktionen. Vor allem die Entdeckung der pythagoreischen Mittelwerte ist geschichtlich so relevant, dass das Thema eine Bereicherung für die Schulmathematik ist.

4 Lernbereichsplanung

In diesem Kapitel wird eine Lernbereichsplanung erstellt, mit deren Grundlage das Thema Mittelwerte und Mittelwertfunktionen in der Schule unterrichtet werden kann. In den vorherigen Kapiteln wurde bereits gezeigt, dass das Thema den didaktischen Anforderungen der Schulmathematik genügt. Die vorgestellte Theorie bietet genügend Inhalte, um als Thema in den Lehrplan aufgenommen zu werden.

Da dieses Thema als Wahlpflichtbereich gesehen werden soll, gilt es zu beachten, dass der Lehrer nur acht Unterrichtsstunden für dieses Thema zur Verfügung hat. In diesen acht Stunden sollte die ganze Theorie über Mittelwerte und Mittelwertfunktionen behandelt werden, und idealerweise wird sie in der letzten Stunde mit einem Test abgeschlossen. Der Lehrplan sieht zwar keine Klassenarbeit für Wahlbereiche vor, aber in einem kurzen Test[XLIV] sollte der Lehrer den Leistungszuwachs bei den Schülern kontrollieren.

Damit muss genau überlegt werden, welche Inhalte aus der Theorie in den Unterricht genommen werden sollten. Im Abschnitt (2.3) wurden bereits mögliche Schwerpunkte für das Thema der Mittelwerte und Mittelwertfunktionen als Wahlbereich in der 10. Klasse diskutiert. Diese waren:

- Veranschaulichung der Unterschiedlichkeit der Mittelwerte, wobei die vier klassischen Mittelwerte im Vordergrund stehen

- Herleitung der pythagoreischen Mittelwerte durch Termumformung der pythagoreischen Proportionen

- Definition des Potenzmittelwerts und Herleitung der Gemeinsamkeiten mit den pythagoreischen Mittelwerten

- Grafische Veranschaulichung von Mittelwertfunktionen als zweidimensionale Flächen und als eindimensionale Kurven bei festgehaltener zweiten Variable

- Erkennen einer möglichen Ungleichung, der die Mittelwertfunktionen unterliegen und Kennen von Beweismöglichkeiten dieser Ungleichung

Besonders wichtig für das Unterrichten der Mittelwerte und Mittelwertfunktionen ist ein gelungener und interessanter Einstieg, mit dem der erste Schwerpunkt bearbeitet werden kann. Dazu wurden im Abschnitt (1.1) verschiedene interessante, alltägliche Aufgaben vorgestellt. Mit diesen, oder ähnlichen Aufgaben kann man die Schüler für das Gebiet der Mittelwerte motivieren.

Als nächstes sollte der Lehrer die Definition eines Mittelwertes übernehmen. Dabei kann man gemeinsam mit den Schülern überlegen, wie man ihn definieren kann. Über die geometrische Interpretation als Punkt zwischen zwei Strecken x und y lassen sich die pythagoreischen Proportionen einführen, mit denen die Schüler die elf verschiedenen pythagoreischen

---

[XLIV]dieser soll also nicht die ganze Stunde dauern

Mittelwerte finden. Dies kann man zum Teil in der Schule machen, zum Teil eignet sich dieses Gebiet auch als Hausaufgabe.

Sollte der Lehrer entscheiden, keine Hausaufgaben geben zu wollen, dann ist es sicher empfehlenswert, die Herleitung der Mittelwerte im Rahmen des Methodenwechsels als Gruppen- oder Partnerarbeit zu unterrichten.

Nachdem die pythagoreischen Mittelwerte hergeleitet worden sind, sollte der Lehrer die Schüler auf das Vorhandensein der bekannten Mittelwerte aufmerksam machen. Vor allem mit dem arithmetischen und geometrischen Mittel lassen sich sehr geeignet die Potenzmittelwerte definieren und für bestimmte Potenzen konstruieren. Dabei ist es besonders lohnenswert mit den Schülern die Mittelwerte mit den Grenwerten $r \to 0$ und $r \to \pm\infty$ zu diskutieren.

Der anschließende Teilbereich sollte mehrere Stunden umfassen. Hier geht es darum, aus den vorliegenden Mittelwerten Mittelwertfunktionen zu konstruieren. Dabei ist es besonders wichtig, dass die Schüler erkennen, dass mit dem bekannten Funktionsbegriff wirklich Funktionen vorliegen. Gemeinsam sollte erarbeitet werden, welche Unterschiede es zwischen Funktionen mit einer Veränderlichen und Funktionen mit zwei Veränderlichen gibt. Vor allem die Unterschiede bei der graphischen Darstellung sollten im Vordergrund stehen.

Der letzte Teil in diesem Wahlpflichtbereich stellt die Behandlung der babylonischen Ungleichung dar. Die Schüler sollen anhand der Darstellungsmöglichkeiten nach Pappus von Alexandria und nach Bullen die Richtigkeit der Ungleichung erkennen, und bei der Darstellung nach Pappus von Alexandria sollten sie dies auch nachweisen können.

Als letztes kann man nun den Wahlbereich mit einem kurzen Test abschließen.

Bevor sich die konkrete Lernbereichsplanung anschließt, werden die Lernziele des Wahlbereichs Mittelwerte und Mittelwertfunktionen formuliert.

Die Schüler sollen...

- verschiedene Mittelwerte und deren Anwendung in Alltagssituationen kennen und beherrschen.

- eine Definition eines mathematischen Mittelwerts kennen.

- die Herleitung der pythagoreischen Mittelwerte beherrschen.

- Potenzmittelwerte mit konkreten Potenzen angeben können.

- Mittelwertfunktionen als Funktionen mit zwei Veränderlichen darstellen können.

- verschiedene Beweisideen der babylonischen Ungleichung kennen.

- eine dieser Beweisideen eigenständig zeigen können.

Mit diesen Lernzielen als Grundlage, ist folgende Lernbereichsplanung für den Wahlpflichtbereich Mittelwerte und Mittelwertfunktionen vorstellbar.

Stunde	Themen	Lernzuwachs Lehrintention
1	Mittelwerte in der Alltagswelt	Die Schüler lernen anhand von verschiedenen interessanten Aufgaben die Komplexität und die Vagheit der Mittelwerte kennen. Sie erkennen dabei, dass sie manche Mittelwerte bereits schon kennen.
2	Definition des Mittelwerts und die pythagoreischen Proportionen	Die Schüler sollen erkennen, dass die Definition eines Mittelwerts problematisch ist. Der Lehrer stellt klar, dass viele Zahlen als Mittelwerte in Frage kommen könnten. Historisch bedingt werden die pythagoreischen Proportionen vorgestellt, und die Schüler erkennen, dass mit ihnen eine große Klasse vom Mittelwerten vorliegt. Die Schüler sollen alle pythagoreischen Mittelwerte berechnen und deren Unterschiedlichkeit an verschiedenen Beispielen überprüfen.
3	klassische Mittelwerte und Potenzmittelwerte	Die Schüler gehen nochmals auf die pythagoreischen Mittelwerte ein und sollen die klassischen Mittelwerte unter den pyth. Mittelwerten erkennen. Im zweiten Teil der Stunde wird anhand der klassischen Mittelwerte das Potenzmittel definiert. Es sollte diskutiert werden, wie viele möglichen Mittelwerte einer Klasse nun vorhanden sind. Bestimmte interessante Potenzen können genauer betrachtet werden.

4	Potenzmittelwerte mit den Potenzen 0 und $\pm\infty$	Die Schüler diskutieren die verschiedenen Potenzmittelwerte. An konkreten Beispielen, sollte untersucht werden, welche Zahlen die verschiedenen Potenzmittelwerte als Mittelwerte erzeugen. Mithilfe dieser Beispiele kann das Grenzverhalten der Potenzmittelwerte für $r \to 0$ und $r \to \pm\infty$ untersucht werden.
5	Mittelwertfunktionen	Die Schüler sollen erkennen, dass man mit den vorliegenden Mittelwerten Mittelwertfunktionen konstruieren kann. Sie erarbeiten gemeinsam (zum Beispiel in Gruppenarbeit) Eigenschaften der Funktionen und erkennen die Besonderheiten dieser Funktionen gegenüber den bekannten Funktionen mit einer Veränderlichen. Es werden verschiedene Darstellungsmöglichkeiten diskutiert, und die Schüler sollten erkennen, dass die Graphen der Mittelwertfunktionen dreidimensionale Flächen sind.
6	Darstellungen der Mittelwertfunktionen	Aufgrund der Erkenntnisse der vorangegangenen Stunde schauen sich die Schüler verschiedene Darstellungen der Mittelwertfunktionen an. Sie sollten die Graphen der Funktionen vergleichen und die babylonische Ungleichung erkennen. Im Vergleich zwischen den dreidimensionalen Flächen und den Darstellungen als Funktionen einer Veränderlichen mit festgehaltener zweiter Variable erkennen sie wichtige Eigenschaften der Mittelwertfunktionen.

7	Die babylonische Ungleichung und ihre Darstellungen	Nachdem in der vorangegangenen Stunde die babylonische Ungleichung erkannt worden ist, sollte in dieser Stunde der Beweis dieser Ungleichung anstehen. Die Schüler sollten den arithmetischen Beweis selbständig führen und die Darstellungen nach Bullen und Pappus von Alexandria verstehen können. Auf den Beweis dieser beiden Darstellungen sollte es nicht unbedingt ankommen.
8	Beweis der Darstellungen nach Pappus von Alexandria und Bullen	Die Schüler sollten zumindest die Darstellung nach Pappus von Alexandria verstehen können. Im zweiten Teil der Stunde kann ein Test über das Thema der Mittelwerte und Mittelwertfunktionen erfolgen

Diese Lernbereichsplanung ist eine Grundlage für die Einführung des Wahlpflichtbereichs Mittelwerte und Mittelwertfunktionen in der 10. Klasse. Die theoretischen und didaktischen Untersuchungen über dieses Thema sind an dieser Stelle damit beendet.

5 Zusammenfassung

Das Thema Mittelwerte und Mittelwertfunktionen ist ein sehr komplexes Gebiet der Mathematik. Aus diesem Grund ist es sehr erstaunlich, dass es im aktuellen sächsischen Lehrplan gänzlich vernachlässigt wird.

In dieser Arbeit wurde gezeigt, dass das Gebiet der Mittelwerte und Mittelwertfunktionen als Wahlbereich in den Lehrplan aufgenommen werden kann.

Die Theorie im ersten Abschnitt dieser Arbeit ist nur ein kleiner Ausschnitt aus dem großen Bereich der Mittelwerte. Aufgrund der Komplexität des Themas, war es wichtig, den Ausschnitt so zu wählen, dass er im Rahmen eines achtstündigen Wahlbereichs komplett unterrichtet werden kann. Außerdem sollen die Schüler das Gefühl haben, dass das Gebiet auch vollständig und ohne Weglassen bearbeitet wurde.

Der „rote Faden" der in dieser Arbeit gewählt wurde ist die Betrachtung der pythagoreischen Mittelwerte und der Potenzmittelwerte. Vor allem die Betrachtung der babylonischen Ungleichung stand im Vordergrund. Mit diesem rotem Faden kann man, wie im letzten Abschnitt gezeigt wurde, das Gebiet umfassend und ausreichend als Wahlpflichtbereich unterrichten. Aus didaktischer Sicht, steht demnach einer Hinzunehmung dieses Gebietes zum Lehrplan nichts im Weg.

Literatur

[1] Sächsischer Lehrplan Mathematik, 2004.

[2] BULLEN, P., MITRINOVIC, D., AND VASIC, P. *Means and Their Inequalities.* D. Reidel Publishing Company, 1988.

[3] HERGET, W. Der Zoo der Mittelwerte - Mittelwerte-Familien. *mathematik lehren 8* (1985), 50–51.

[4] HISCHER, H. „Fundamentale Ideen"und „Historische Verankerung"- dargestellt am Beispiel der Mittelwertbildung. *mathematica didactica 21*, 1 (1998), 3–21.

[5] HISCHER, H. Viertausend Jahre Mittelwertbildung - Eine fundamentale Idee der Mathematik und didaktische Implikationen. *mathematica didactica 25*, 2 (2002).

[6] HISCHER, H. Mittelwertfunktionen und Strophoiden - Zur Genese einer Entdeckung durch Axiomatisierung und Visualisierung. *mathematica didactica 27*, 1 (2004).

[7] HISCHER, H. Mittenbildung als fundamentale Idee. *MU - Der Mathematikunterricht 50*, 5 (Oktober 2004), 4–13.

[8] LAMBERT, A., AND HERGET, W. Mächtig viel Mittelmaß in Mittelwert-Familien. *MU - Der Mathematikunterricht 50*, 5 (2004), 55–66.

[9] LEACH, E. B., AND SHOLANDER, M. C. Extended mean values. *The American Mathematical Monthly 85*, 2 (1978), 84–90.

[10] ZECH, F. *Grundkurs Mathematikdidaktik.* Beltz Verlag, 1998.